建筑垃圾及工业固废资源化利用丛书

建筑垃圾及工业固废再生砖

总 主 编　卢洪波　张海淼　廖清泉
本册主编　杜晓蒙

中国建材工业出版社

图书在版编目（CIP）数据

建筑垃圾及工业固废再生砖/杜晓蒙主编．--北京：
中国建材工业出版社，2019.5（2020.10重印）
（建筑垃圾及工业固废资源化利用丛书/卢洪波，
张海森，廖清泉主编）
ISBN 978-7-5160-2562-8

Ⅰ.①建… Ⅱ.①杜… Ⅲ.①再生资源—砖—生产工
艺 Ⅳ.①TU522

中国版本图书馆CIP数据核字(2019)第088812号

建筑垃圾及工业固废再生砖
JianZhu LaJi Ji GongYe GuFei ZaiShengZhuan
总 主 编　卢洪波　张海森　廖清泉
本册主编　杜晓蒙

出版发行：中国建材工业出版社
地　　址：北京市海淀区三里河路1号
邮　　编：100044
经　　销：全国各地新华书店
印　　刷：北京雁林吉兆印刷有限公司
开　　本：787mm×1092mm　1/16
印　　张：10
字　　数：200千字
版　　次：2019年5月第1版
印　　次：2020年10月第2次
定　　价：68.00元

本社网址：www.jccbs.com，微信公众号：zgjcgycbs

《建筑垃圾及工业固废资源化利用丛书》

编　委　会

总 主 编　卢洪波　张海森　廖清泉

参编人员　李克亮　徐开东　李战东　先光明　卢　鹏
杜晓蒙　罗　晔　刘应然　张　腾

《建筑垃圾及工业固废再生砖》

编者名单

主　　编　杜晓蒙

参编人员　马军涛　王慧贤　邱志辉　段玉忠　李　敏
谭忠奇　王　玮　傅志昌　李晓颖　曹映辉
胡　漪

参编单位　中原环保鼎盛郑州固废科技有限公司
郑州鼎盛工程技术有限公司
福建卓越鸿昌环保智能装备股份有限公司
西安银马实业发展有限公司

序　言

随着社会和经济的蓬勃发展，大规模的现代化建设已使我国建材行业成为全世界资源、能源用量最大的行业之一，因此人们越来越关注建材行业本身资源、能源的可持续发展和环境保护问题。而工业化的迅速发展又产生了大量的工业固体废弃物，建筑垃圾和工业固体废弃物虽然在现代社会的经济建设发展中必然产生，但是大部分仍然具有资源化利用价值。科学合理地利用其中的再生资源，可以实现建筑废物的资源化、减量化和无害化，也可以减少对自然资源的过度消耗，同时还保护了生态环境，美化了城市，更能够促进当地经济和社会的良好发展，具有较大的经济价值和社会效益，是我国发展低碳社会和循环经济的不二之选。

我国早期建筑垃圾处理方式主要是堆放与填埋，实际资源化利用率较低。现阶段建筑垃圾资源化利用，比较成熟的手段是将其破碎筛分后生成再生粗细骨料加以利用，制备建筑垃圾再生制品，而工业固体废弃物由于内部具有大量的硅铝质成分，经碱激发之后可以作为绿色胶凝材料辅助水泥使用，用以制备再生制品。

为了让更多人了解建筑垃圾及工业固废资源化利用方面的政策法规、工程技术和基本知识，帮助从事建筑垃圾及工业固废资源化利用人员、企业管理者、大学生、环保爱好者等解决工作之急需，真正实现建筑垃圾及工业固废的“减量化、资源化、无害化”，变有害为有利。中原环保鼎盛郑州固废科技有限公司联合全国各地的科研院所、高校和企业界专家编写和出版了《建筑垃圾及工业固废资源化利用丛书》，体现了公司、行业专家、企业家和高校学者的社会责任感，这一项目不但填补了国内建筑垃圾及工业固废资源化利用领域的空白，而且对我国今后建筑垃圾及工业固废资源化利用知识普及、科学处理和处置具有指导意义。

该丛书根据建筑垃圾及工业固废再生制品的类型及目前国内最新成熟技术编写，具体分为《建筑垃圾及工业固废再生砖》《建筑垃圾及工业固废筑路材料》《建筑垃圾及工业固废再生砂浆》《建筑垃圾及工业固废再生墙板》《建筑垃圾及工业固废再生混凝土》《建筑垃圾及工业固废预制混凝土构件》《建筑垃圾及工业固废保温砌块》《城市建筑垃圾治理政策与效能评价方法研究》八个分册。

这套丛书根据各类建筑垃圾及工业固废再生制品的不同，详细介绍了如何利用建筑垃圾及工业固废生产各种再生制品技术，以最大限度地消除、减少和控制建筑垃圾及工业固废造成的环境污染为目的。全国多名专家学者和企业家在收集并参考大量国内外资料的基础上，结合自己的研究成果和实际操作经验，编写了这套具有内容广泛、结构严谨、实用性强、新颖易读等特点的丛书，具有较高的学术水平和环保科普价值，是一套贴近实际、层次清晰、可操作性强的知识性读物，适合从事建筑垃圾及工业固废行业管理、处置施工、技术研发、培训教学等人员阅读参考。相信该丛书的出版对我国建筑垃圾及工业固废资源化利用、环境教育、污染防控、无害化处置等工作会起到一定的促进作用。

中华环保联合会副主席
生态环境部原总工程师
杨朝飞
2019 年 5 月

前　言

自20世纪90年代以来，世界上许多国家特别是发达国家，已经把建筑垃圾及工业固体废弃物的减量化和资源化处理作为环境保护和可持续发展战略目标之一。我国建筑垃圾及工业固废数量庞大、种类繁多、成分复杂，处理困难较大，要处理、处置好建筑垃圾及工业固废，实现高质量的综合利用是关键。面对各类建筑垃圾及工业固废，我国已开发了大量无害化、资源化处置的技术方案，但从绿色可持续发展的目标要求来看，这些处置方案仍需进一步创新和优化。因此，要大力提倡创新和优化建筑垃圾及工业固废综合利用的工艺技术路线，以最少的能源资源消耗和污染物排放，获得具有高性能、高性价比的再生产品。

我国早期建筑垃圾处理方式主要是堆放与填埋，实际资源化利用率较低。现阶段的建筑垃圾资源化利用，比较成熟的手段是将其破碎筛分后形成再生粗细骨料之后再使用，制备建筑垃圾再生制品，而工业固体废弃物由于内部具有大量的硅铝质成分，经碱激发之后可以作为绿色胶凝材料辅助水泥使用，用以制备再生制品。

基于此，本书特组织了多位有丰富经验的建筑垃圾和工业固废资源化利用的科研工作者和企业管理者，将积累多年的宝贵经验与建筑垃圾行业的发展变化相结合，编写了《建筑垃圾及工业固废再生砖》一书。本书主要介绍了利用建筑垃圾和工业固体废弃物来制备再生砖，包括制砖所用原材料、设备、配比、工艺及工程应用实例与案例分析等。

在本书的编写过程中，福建卓越鸿昌环保智能装备股份有限公司、西安银马实业发展有限公司提供了制备再生砖的设备参数、图片、各类再生砖的图片、全自动制砖生产线流程等；郑州鼎盛工程技术有限公司提供了破碎分选设备的参数、图片等。在此，特向以上对本书提供技术支持的企业表示衷心的感谢！

希望本书能对已经从事或即将涉足建筑垃圾及工业固废资源化利用的企业和从业人员有所帮助和借鉴。由于编者水平有限，本书中难免存在不妥之处，希望行业同人批评指正。

编者
2019年5月

目　录

1　建筑垃圾及工业固废再生砖概述 …… 1

1.1　**中国制砖行业发展历史沿革** …… 1

1.2　**中国制砖行业当代环保形势分析** …… 3

1.3　**建筑垃圾及工业固废再生砖研究背景** …… 4

1.3.1　建筑垃圾及工业固废的组成 …… 4

1.3.2　建筑垃圾及工业固废的影响 …… 5

1.3.3　建筑垃圾及工业固废的资源化利用及实现路径 …… 6

1.4　**建筑垃圾及工业固废再生砖定义与种类** …… 8

1.4.1　定义 …… 8

1.4.2　种类 …… 8

2　建筑垃圾及工业固废再生砖原材料及性能指标 …… 10

2.1　**胶凝材料** …… 10

2.1.1　胶凝材料的作用 …… 10

2.1.2　胶凝材料的分类与性能指标 …… 10

2.2　**骨料** …… 14

2.2.1　建筑垃圾再生骨料 …… 14

2.2.2　再生骨料与天然骨料的比较 …… 16

2.3　**外加剂** …… 18

2.3.1　激发剂 …… 18

2.3.2　减水剂 …… 20

2.3.3　早强剂 …… 22

3　建筑垃圾及工业固废再生砖设备介绍 …… 24

3.1　**建筑垃圾破碎设备** …… 24

3.1.1　设备的分类 …… 24

3.1.2　设备的特点及工作原理 …… 27
3.1.3　建筑垃圾破碎生产线系统 …… 37
3.2　建筑垃圾分选处理工艺及设备 …… 40
3.2.1　分选工艺介绍 …… 40
3.2.2　分选设备介绍 …… 42
3.3　建筑垃圾及工业固废制砖设备 …… 47
3.3.1　主要制砖设备介绍 …… 47
3.3.2　全自动制砖生产线系统介绍 …… 56
3.3.3　国内外主要制砖设备企业介绍 …… 61

4　建筑垃圾及工业固废再生砖配合比及试验研究 …… 73

4.1　建筑垃圾及工业固废再生砖的配比设计 …… 73
4.1.1　配合比应注意的问题 …… 73
4.1.2　影响配合比设计的关键技术因素 …… 73
4.2　利用建筑垃圾制备再生砖试验汇编 …… 75
4.2.1　利用再生骨料制备固废再生砖的试验研究 …… 75
4.2.2　利用再生骨料制备透水砖的试验研究 …… 79
4.2.3　利用废砖粉制备再生砖的试验研究 …… 83
4.3　利用工业固废制备再生砖试验汇编 …… 88
4.3.1　利用硅灰和铁尾矿粉复掺制备水泥基透水砖 …… 88
4.3.2　利用矿渣微粉制备再生砖的试验研究 …… 91

5　建筑垃圾及工业固废再生砖生产工艺流程 …… 97

5.1　建筑垃圾资源化利用工艺 …… 97
5.1.1　工艺布置 …… 97
5.1.2　建筑垃圾破碎 …… 99
5.1.3　破碎后物料筛分 …… 99
5.1.4　钢筋处置 …… 99
5.1.5　骨料洁净处理 …… 99
5.1.6　环保方面设计 …… 100
5.1.7　信息化、智能化设计 …… 101
5.2　建筑垃圾及工业固废制砖工艺流程 …… 101
5.2.1　原材料的选择与控制 …… 101
5.2.2　工艺路线描述 …… 102
5.2.3　一种新型成型工艺——湿法成型工艺 …… 104

5.3 养护工艺 …… 108
5.3.1 养护的作用 …… 108
5.3.2 养护方法的类型及比较 …… 108
5.3.3 蒸压养护 …… 109
5.3.4 蒸养养护 …… 110
5.3.5 自然养护 …… 111

6 工程应用实例及效益分析 …… 113

6.1 生态护坡砖 …… 113
6.1.1 普通护坡砖 …… 113
6.1.2 混凝土护坡砌块 …… 114
6.1.3 生态护坡砖施工工艺介绍 …… 117
6.2 干垒挡墙砖 …… 118
6.2.1 自钳式挡土墙 …… 118
6.2.2 干垒挡墙砖 …… 118
6.2.3 景观挡墙花盆砌块 …… 119
6.3 透水砖 …… 120
6.3.1 透水砖分类及介绍 …… 120
6.3.2 生产工艺方案 …… 121
6.3.3 透水砖的铺装 …… 126
6.3.4 一种新型透水砖——气候砖 …… 127
6.4 标准砖与砌块 …… 127
6.4.1 建筑垃圾及工业固废制备标准砖 …… 127
6.4.2 建筑垃圾及工业固废制备混凝土砌块 …… 128
6.5 路沿石 …… 130
6.5.1 定义及分类 …… 130
6.5.2 路沿石的制作 …… 131
6.5.3 路沿石的安装 …… 132
6.6 效益分析 …… 133
6.6.1 经济效益分析 …… 133
6.6.2 社会效益和环境效益分析 …… 134

7 文献导读及专利介绍 …… 136

参考文献 …… 141

1　建筑垃圾及工业固废再生砖概述

1.1　中国制砖行业发展历史沿革

中国是世界上最早生产烧结砖的国家之一。早在七千多年前的新石器时代就开始在建筑上使用“红烧土块”；五千多年前现代形体概念上的烧结砖就已经出现；四千多年前出现了用“还原法”烧制的青砖；四千多年前就有了制作精美的烧结板瓦与筒瓦；三千多年前“轮制法”普遍用于瓦的生产。从此，烧结砖瓦以其具有遮风挡雨、保温隔热、耐久抗风化、抗腐蚀、隔声、阻燃、装饰等多种功能，以及舒适、健康、环保的优异性能与人类生活结下了不解之缘。它历经古代的盛世辉煌、近现代的衰落和现代的复兴与崛起，伴随着华夏民族绵延数千年，其本体上的文化附着成为世界文化宝库中的璀璨明珠。论古而知今，几经沉浮，在科学发展观引导下，有国家各项产业政策的指导和支持，相信经过我国砖瓦行业广大同人的不懈努力，中国砖瓦行业将迎来新的发展机遇。历经转型发展的中国砖瓦，产业结构和产品结构将不断趋向优化和提升，中国传统的砖瓦文明在新的历史时期将转型发展，以崭新的风貌继续得以传承和发扬。

（1）古代的盛世辉煌

远在三千多年前我国就有了世界上最早的大型空心砖；春秋晚期或战国初期（距今2400—2550年）便出现了画像砖；秦、汉帝国是中国封建社会的强盛时期之一，秦朝的制砖水准达到了史上鼎盛；制砖的原料选择和工艺非常严格，规定要由专门的官窑烧制，有专门的“司空”机构监管，因此，秦朝制砖的质量达到了前所未有的高度，可谓“敲之有声，断之无孔”，被誉为“铅砖”；在约三千年前的西周出现了瓦当，即在筒瓦顶端下垂部分由素面到纹饰，增添了瓦和建筑物的美感；北魏平城（距今1600—1700年）就出现了琉璃瓦和表面被打磨的漆黑发亮的烧结砖瓦产品。隋唐时期出现了闻名后世的青棍砖、青棍瓦，也许从那时起，中国就有了皇宫铺地专用的最早的“金砖”；一千多年前的五代时期出现了窑后砖雕作品；宋（金）、元、明、清时期的烧结砖瓦装饰艺术开始从皇家宫廷走出惠泽民间，被大量使用于民间建筑，尤其是明清时期的屋顶装饰构件、砖雕和皇宫铺地用的金砖制作更加精美，标志着我国砖瓦制作工艺达到了高度成熟，极大地丰富了中华民族古建筑文化[1]。

（2）近、现代的衰落与欧美砖瓦的快速发展

清朝中晚期，由于统治者闭关锁国、腐朽没落，中华民族备受列强欺凌，中国沦

为半封建、半殖民地社会。其间曾有有识之士引入了西欧的机制砖瓦技术，但终因受外敌入侵和接连不断的内战，使我国的砖瓦制作工艺陷入了低谷，许多砖瓦制作新技术也沉溺沧海，从此我国砖瓦工业走入了衰落。二次世界大战后的欧洲各国为应对能源紧缺与环境恶化，在不断提高的建筑能耗标准的推动下，砖瓦装备技术、生产工艺不断优化和提升，烧结砖瓦的品种、性能、功能大幅度提高，市场应用比率不断增长，企业生产规模迅速扩大，使得欧美的砖瓦工艺迅速领先世界，达到了前所未有的高度，而我国砖瓦工业的发展与其差距越拉越大。目前，欧洲砖瓦工业在生产上采用矿物学方法分析、研究烧结砖瓦原材料特性及通过对产品性能的影响指导生产，用现代流变学的方法研究生产过程并指导设备的设计，用断裂力学方法研究分析产品的性能，用现代自动化智能控制方法装备烧结砖瓦生产线，用现代生态学理论及方法指导产品开发，计算机应用技术和机器人已普遍应用于烧结砖瓦生产线[2]。

（3）当代的复兴与崛起

中华人民共和国成立后，我国城乡建设百废待兴。在国家“自力更生，艰苦奋斗”的方针指引下，国砖瓦工业的基本构架已初步形成。一是经过国民经济两个“五年计划”，全国各地相继建设起一大批具有千万块标砖产能的国营机砖厂；二是在砖瓦机械制造方面取得进展，1965 年我国加工制造出了第一台真空挤出机，并于 1967 年正式投入使用；三是轮窑烧成体系从小窑型向大窑型转变，通过引进苏联的隧道式人工干燥室后，自然干燥向人工干燥技术转变；四是我国第一座烧结砖隧道窑于 1958 年建成。这些成就标志着我国砖瓦工业体系在复兴中逐渐形成。改革开放以后，中国经济建设逐步进入高速发展期，国际上一些知名砖瓦机械和窑炉装备企业纷纷进驻中国。尤其是 20 世纪 80 年代初到 90 年代，我国先后从意大利、西班牙、德国、波兰、法国、美国、荷兰等国家引进了数十条先进的烧结砖生产线，通过对设备技术的引进、消化、吸收和再创新，积累了较为丰富的经验，促进了我国砖瓦行业的技术水平的快速提升。我国砖瓦机械生产企业研制了变径变螺距、大型号（如 Φ750/650 型、Φ700/600 型）挤出机、紧凑型挤出机、半硬塑挤出机等；自动化码坯机、自动化上下架系统设备、窑车运转系统设备、自动切坯运转设备；挤出搅拌机、高速细碎对辊机、轮碾机、陈化库侧向及横向液压挖掘机、屋面瓦整型机等[3]。初步形成了原料制备，软塑、半硬塑成型，码坯系统和窑炉系统的配套砖瓦机械设备制造体系。

国家产业政策推动了砖瓦行业向节能利废和墙材革新的方向发展，出台了《国务院办公厅关于进一步推进墙体材料革新和推广节能建筑的通知》（国发［2005］33 号）相关政策与措施。我国砖瓦企业积极响应国家号召，利用建筑垃圾和工业废渣生产新型墙材产品，并且不断加大废渣用量，在发展节能、节地、利废、保温、隔热等新型墙材方面取得了显著的技术进步。

目前，砖瓦行业制砖用原料已从原来单一的黏土向资源综合利用方向发展，有废混凝土粉、废砖粉等建筑垃圾以及页岩、江河湖淤泥、煤矸石、粉煤灰、各种工业废弃物等。产品的品种已从单一的黏土实心砖发展成多品种和多规格的烧结多孔砖、空心砖、多孔砌块、空心砌块、装饰砖、路面砖、装饰挂板等。非烧结类的蒸压灰砂砖、蒸压粉煤灰砖、加气混凝土、混凝土砌块、建筑垃圾再生砖、工业固废免烧砖等。

1.2 中国制砖行业当代环保形势分析

2018 年 5 月 18—19 日全国生态环境保护大会在京召开，显示了中央对生态环境保护问题的重视程度之高，可以用“规格之高前所未有”“强烈的信号”“正式开战”来形容；6 月 16 日国务院发布了《中共中央国务院关于全面加强生态环境保护　坚决打好污染防治攻坚战的意见》（国发［2018］22 号）文件，指出：“决胜全面建成小康社会，全面加强生态环境保护，打好污染防治攻坚战，提升生态文明，建设美丽中国。”因此，今后我国环保形势更加紧迫[4]。

然而砖瓦行业整体大而不强，特别是由于历史欠账较多，加上部分砖瓦企业主体责任意识不强，环境管理能力欠缺，砖瓦行业环境问题较多，砖瓦行业大气污染治理和节能减排工作及任务十分艰巨，且日益成为建材工业稳增长、调结构、增效益的短板。

自 2014 年 1 月《砖瓦工业大气污染物排放标准》（GB 29620—2013）实施以来，砖瓦生产的环保问题开始得到整个行业前所未有的重视，标准实施之前行业上脱硫设施的企业不足 20 家，到现在有 3000 多家企业安装了脱硫除尘设施，难以达标排放的小轮窑企业在标准实施后的 3 年多时间里已经淘汰了 1 万多家，整个砖瓦行业对环保问题从认识到行动都发生了巨大的变化。

据《中国环境报》2018 年 1 月 17 日发布的生态环境部通报，2017 年 7 月以来，生态环境部在全国范围内组织开展了砖瓦行业环保专项执法检查，专项检查中近六成企业存在环境问题。据统计，全国共排查砖瓦企业 32103 家，发现 18095 家存在环境问题，占检查企业的 56%。地方环保部门对 3354 家企业进行了罚款，责令限期改正 7189 家、停产整治 4870 家、报请政府关停 8743 家。通过专项执法检查，严厉打击了一批砖瓦行业环境违法企业，促进了行业整体守法水平提升。

从督查情况来看，除个别地区外，各地高度重视并督促砖瓦行业企业按要求进行整治。但由于历史欠账较多，加之部分砖瓦企业主体责任意识不强，环境管理能力欠缺，砖瓦行业环境问题较多。

因此，我国砖瓦行业必须依据中国建材联合会“超越引领、创新提升”战略，因势利导推动中国砖瓦行业大气污染治理和节能减排各项工作的开展。

今后，我国砖瓦行业将会以上述工作为契机，结合我国砖瓦协会首个团体标准《烧结砖瓦工业协会治理设施工程技术规范》（T/GBTA 0001—2018）的宣贯实施，按照《推进砖瓦行业供给侧结构性改革打赢四个“攻坚战”的指导意见》《关于加快烧结砖瓦行业转型发展的若干意见》两个文件精神，推进大气污染治理和节能减排工作的落实，到2020年底，实现在现有基础上淘汰落后生产工艺50%以上；全行业实现大气污染物治理、节能减排在生产各个环节全部达标的三年目标。

未来几年，砖瓦行业面临环保和转型升级双重压力，任务艰巨，挑战严峻，必须砥砺前行、攻坚克难，确保目标任务的落实完成，我国砖瓦行业将在国家产业政策的指导下，全力引领行业攻行业瓶颈，补环境治理，以节能减排和科技创新为手段，打造绿色生态，实现“墙材＋文化＋建筑”跨界发展，形成极具竞争力、生命力的基础材料＋节能建筑＋绿色建筑＋生态建筑的良好布局，引领中国砖瓦行业全面步入创新发展、低碳节能、绿色制造、环保生态的新时代，为实现中华民族伟大复兴，实现“两个一百年”的宏伟奋斗目标而努力奋斗。

1.3 建筑垃圾及工业固废再生砖研究背景

1.3.1 建筑垃圾及工业固废的组成

通常按照固体废弃物的来源分为城市生活固体废弃物、工业固体废弃物和农业废弃物。本文主要利用城市生活固体废弃物中的建筑垃圾以及工业固体废弃物制备再生砖。

（1）建筑垃圾概念和组成

人们在从事诸如新建、改扩建和拆除各类建筑物、构筑物、市政工程等建筑活动，以及居民在装饰装修房屋的过程中所产生的弃土、废旧混凝土、废砖瓦、废砂浆和少量的旧钢材、废木材、玻璃、塑料、各种包装材料等被统称为建筑垃圾[5]。建筑垃圾的组成及其所占比率在不同建筑的结构型式中也不尽相同。张为堂[6]等人的研究结果显示，我国建筑垃圾的典型组成构成见表1-1。

表1-1 建筑垃圾的组成

组成	比率（%）		
	砖混结构	框架结构	剪力墙结构
碎砖	30～50	15～30	10～20
砂浆	8～15	10～20	10～20
混凝土	8～15	15～30	15～30
包装材料	5～15	5～20	10～20
屋面材料	2～5	2～5	2～5
钢材	1～5	2～10	2～10
木材	1～5	1～5	1～5
其他	10～20	10～20	10～20

（2）建筑垃圾的数量

近年来，我国经济发展进入高速期，随之而来的是空前规模的现代化建设，无疑使建筑行业呈现一派繁荣景象。根据住房城乡建设部近期的调研显示，调研的 34 个试点城市 2017 年建筑垃圾产生量为 11.4 亿吨，推算全国建筑垃圾产生量为 35 亿吨以上。2017 年全国地下综合管廊建设产生约 1.9 亿吨建筑垃圾；2016—2018 年期间，地铁建设产生约 4.2 亿吨建筑垃圾。建筑垃圾已占城市垃圾的 70% 以上，解决出路迫在眉睫[7]。

（3）工业固体废弃物

工业固体废弃物是在工业生产过程中排出的采矿废石、选矿尾矿、燃料废渣、冶炼及化工过程废渣等固体废物。主要工业固体废弃物的来源和分类见表 1-2。

表 1-2 主要工业固体废弃物来源和分类

来源	产生过程	分　类
矿业	矿石开采和加工	废石、尾矿
冶金	金属冶炼和加工	高炉渣、钢渣、铁合金渣、赤泥、铜渣、铅锌渣、汞渣等
能源	煤炭开采和使用	煤矸石、粉煤灰、炉渣等
石化	石油开采和加工	油泥、焦油页岩渣、废催化剂、硫酸渣、酸渣碱渣、盐泥等
轻工	食品、造纸等加工	废果壳、废烟草、动物残骸、污泥、废纸、废织物等
其他		金属碎屑、电镀污泥、建筑废料等

近年来，我国工业固体废弃物产量日趋增长，综合利用是工业固废的主要处理方式。2000—2014 年工业固体废弃物总产生量 2889731 万吨，综合利用 1772138 万吨。以 2013 年为例，261 个大、中城市一般工业固体废物产生量达 238306.23 万吨，其中，综合利用量 146535.66 万吨，处置量 70815.70 万吨，贮存量 19744.98 万吨，倾倒丢弃量 57.85 万吨。一般工业固体废物综合利用量占利用处置总量的 61.79%，处置、贮存和倾倒丢弃分别占比 29.86%、8.33% 和 0.02%，综合利用仍然是处理一般工业固体废物的主要途径。

1.3.2 建筑垃圾及工业固废的影响

全国各地建筑垃圾和工业固废不仅产生的数量巨大，而且储存未处理的数量也高达 6 亿多吨。但是绝大多数地方都是将这些建筑废物运到郊外或乡村，露天堆放或填埋，却不经过任何处理。这样不仅大量宝贵且有限的土地资源被侵占，而且我国人多地少的矛盾还被进一步加剧，同时大量的建设经费如土地征收费、废物清运费被耗费。而那些巨量的仍可以被资源化利用的建筑废物被堆放与填埋本身就是在浪费资源。

建筑垃圾和工业固废主要是通过不封闭的运输车来运输的，这样在清运过程中就会发生废物遗撒、粉尘和灰砂飞扬等问题，对城市形象和环境卫生造成非常不好的影响。粉尘、异味、细菌、污水等严重影响了周围几公里地区人民群众的正常生活，人民群众的身体健康受到威胁，另外，不规范的垃圾填埋场已经成为现代化城市的一颗“毒瘤”，不仅污染土壤，水体和空气，而且还经常有大量的建筑废物、渣土、石块等随意堆放在城市道路上，这些不正规的倾倒使街边垃圾成山，占用街道，妨碍正常的道路交通，存在不小的安全隐患，遇到雨雪天气就会泥水横流、臭味熏天，严重干扰民众生活。随意私拉乱倒建筑废物，使垃圾围村或是围城，破坏了城乡的美好形象。

1.3.3 建筑垃圾及工业固废的资源化利用及实现路径

建筑垃圾及工业固废的资源化利用是一个复杂的系统工程。一般要经历产生、清理、运输、存放、分拣、分类处理、形成产品、市场推广等一系列环节，涉及范围广，处理周期长，牵涉部门多，需要考虑法律、政策、技术、管理、经济、环境、社会等诸多问题。

工业固体废弃物的主要组成为粉煤灰、煤渣、矿渣、钢渣、铅锌渣、铁合金渣、发电煤矸石渣等，这类废渣的共同特点是以硅铝为主要成分，有一定活性，可经$Ca(OH)_2$及活性剂激发以后产生胶凝强度，从而成为新型胶凝材料，可以有效替代水泥，节约产品成本，工业固体废弃物中的铁尾矿砂还可作为细骨料用来制备混凝土。

建筑垃圾中大多是废混凝土块、废砖、废砂浆，资源化利用的技术要求较高，现阶段主要的再生利用途径就是生产再生骨料，继而用来配置再生制品。这不仅被看作一种绿色建筑制品，而且也为建筑垃圾提供了很好的出路，使建筑垃圾具有广阔的应用前景。建筑垃圾再生骨料的应用范围主要是以下三个方面：回填和用于道路工程；制备再生混凝土制品；制备再生混凝土和砂浆。我国利用建筑垃圾时是把再生粗、细骨料应用到再生混凝土当中，把再生细骨料应用到再生砖当中，不仅资源化利用率被提高，而且取得的效果十分不错[8]。

目前，我国在建筑垃圾的收集、分类处理、综合利用方面还处于刚刚起步阶段，要想真正解决建筑垃圾问题，实现原料—建筑物—建筑垃圾—再生原料的循环，使原材料得到最大限度的合理、高效、持久、循环的利用，并把对环境的污染降至最小，必须考虑从以下几个方面着手：

（1）加强法律法规和相关行业标准的制定

我国至今尚无一部国家的关于建筑垃圾管理的法律法规文件，《固体废弃物污染防治法》虽然在第四条规定要实施清洁生产，但只是原则性的表述，没有实质的规定。全国人大于1995年11月通过的《城市固体垃圾处理法》，要求产生垃圾的部门必须交纳垃圾处理费。这是从我国国情和现有技术条件考虑的，在当时阶段采取的一种限制建筑垃圾大量产生和排放的有效措施。但这种收费办法，并不能从根本上堵住产生大量建筑垃圾的源头，而且它也没有涉及建筑垃圾的资源化问题。现有的法律法规中有关建筑垃圾管理的定量指标更是无从查询，也缺少建筑垃圾环境污染控制方面的标准，这给具体的管理工作带来了相当的困难。要尽快制定完善建筑垃圾循环利用的法律、法规。建立规范科学的建筑垃圾减排指标体系、监测体系，强化建筑垃圾的源头管理。提高条款的可操作性，避免指标空泛。在执法过程中要加大监督执法力度，坚决杜绝建筑垃圾大量排放、随意排放和低水平再生利用，使建筑垃圾资源化由行政强制逐渐成为全社会的自觉行动。同时，要保证建筑垃圾资源化的质量和效果。必须要制定一系列的标准规范，才能为建筑垃圾资源化过程中每一个技术环节提供技术依据，找到质量控制点，使产品有合格、验收的依据。

（2）加快建筑垃圾处理和再生利用的技术研究

目前我国建筑垃圾资源化的成本过高，是阻碍资源化的一大原因。我国对建筑垃圾处理和再生利用技术研究起步较晚，投入的人力、物力不足，虽然有一定的成果，但缺乏新技术、新工艺的开发能力，并且设备陈旧落后，与技术的全面推广还有很大的距离。因此要实现建筑垃圾的资源化，必须从提高建筑垃圾的分选水平、处理能力、再生骨料的品质和质量的稳定性、加快再生混凝土及制品的产品开发、研发适用的施工工艺等技术环节入手，提高产业的技术水平。同时发展和引进国外先进技术，研究适合我国建筑垃圾回收的仪器设备，开发适合我国建筑垃圾资源化的方案是解决资源化的出路。推进建筑垃圾资源化再利用应用技术，建立示范工程。

另外建立资源化标准体系是确保资源化能够成为产业化的保证，我国在这方面的科研投入始终不足，使得一些相应的技术标准和指标参数仍无法建立。比如，指导建筑垃圾循环再利用的建筑垃圾的结构、强度、力学等方面的特性指标、建筑垃圾代替原材料的技术、方法、安全系数等都有待研究。

（3）加大政策扶持力度，培养产业发展

在建筑垃圾资源化产业中，政府处于核心地位。这是因为建筑垃圾资源化产业高投入低附加值的特点，企业发展前期基本属于微利或者无利状态，该产业的正常运转必然离不开政府的一系列措施。另外，由于其巨大的社会效益和创建生态文明社会的重大意义，政府也理应参与其中。

国外先进经验表明，要真正实现建筑垃圾资源化，必须走产业化的道路。而在当前市场经济条件下，要形成产业并获得发展，必须要充分调动企业的积极性，将建筑垃圾综合利用推向市场，走市场化的运作路线，鼓励国内外投资经营者参与建筑垃圾的处理和经营。而政府要从政策上加大引导和扶持力度，运用政策、价格、财税、奖励等多种手段，保证建筑垃圾处理企业有一定的收益，才能培育起建筑垃圾资源化和产业化。另外对建筑垃圾资源化的产品，政府工程要首先带头使用，并建立配套制度，规定房地产商原材料按一定比率使用，达到要求的给予税收等方面的优惠，从而实现从生产到产品消费的各个阶段，都有相应的优惠制度，提高建筑垃圾再利用产品的市场占有率，才能推动建筑垃圾综合利用的产业化。

1.4 建筑垃圾及工业固废再生砖定义与种类

1.4.1 定义

建筑垃圾及工业固废再生砖虽然在我国已经获得了较好的发展和应用，但对于它的概念目前尚缺乏全面、科学的阐述，因此造成了人们概念上的模糊。因此，澄清再生砖的概念，是生产好用好再生砖的基础。

建筑垃圾及工业固废在再生砖中的利用主要分为两大类：第一类再生砖是采用水泥为主要胶凝材料，以砂石为普通骨料，建筑垃圾或工业固废为再生骨料，必要时加入适量外加剂，经坯料制备，然后压制（或振动、浇注）成型，再经自然养护（或蒸汽养护）而成的实心或空心承重墙体砖；第二类再生砖是以各种工业活性废渣为原料（或将建筑垃圾粉磨细化后，使其具有一定的水化活性），加入一定的激发剂、适量石灰，和水泥一起作为胶凝材料，加入砂石，经坯料制备，然后压制（或振动、浇注）成型，再经自然养护（或蒸汽、蒸压养护）而成的实心或空心承重墙体砖。

根据上述分析，本文中的建筑垃圾及工业固废再生砖的定义如下：利用建筑垃圾以及工业固体废弃物作为骨料或胶凝材料，加入砂石、外加剂，经坯料制备、成型、养护后所得的建筑墙体材料。

1.4.2 种类

建筑垃圾及工业固废再生砖种类较多，概括起来可以按结构形态、养护工艺、孔形、密度、强度等来进行分类。

（1）按结构形态分类

① 实心再生砖。实心再生砖是再生砖的主要品种。它的砖体没有孔洞，为密实结构，外形、规格和传统实心黏土烧结砖相同。它的优点是易于成型、易于砌筑；缺点是密度高、用料多、成本高于空心砖。由于实心再生砖是我国最早开发生产的再生免烧砖品种，所以目前应用比例仍比较高。随着再生砖技术的发展，实心再生砖的比例将逐渐下降。

② 空心再生砖。空心再生砖又称多孔砖，是我国再生砖的新品种。它的结构特征是在砖体上有许多圆孔或方孔，孔隙率一般为20％～50％。空心再生砖密度低，质量轻、用料少、成本低，并可大幅度降低建筑自重，提高建筑的保温隔热效果。因此，空心再生砖代表了再生砖的发展方向。随着再生砖的轻质化的发展，空心产品的比例将会日益上升。

③ 微孔发泡砖。微孔发泡砖是采用发泡工艺浇注成型的新型再生砖。砖体的内部

具有孔径小于 1mm 的微细球形封闭气孔。它的密度低，保温性能好，适用于保温墙体。

（2）按养护工艺分类

① 蒸压砖。蒸压再生砖是在砖体成型后，采用蒸压釜高温高压养护而成。蒸压再生砖在高温高压下所形成的强度更高、品质更好。因此蒸压再生砖的质量高于蒸汽养护砖和自然养护砖。但其成本高，以后的发展将逐渐向自然养护靠拢。

② 蒸养砖。蒸养再生砖是在砖体成型以后，不采用蒸压工艺，而采用常压蒸汽养护。它的质量不如蒸压再生砖，生产效益也低于蒸压再生砖。但它的投资较小，易于实施。

③ 自然养护砖。自然养护再生砖是近几年新型的水泥混凝土免烧砖品种，它在成型后采用常温常压自然养护，因此养护期较长，产品质量不如蒸压养护或者蒸汽养护。但它的投资特别小，不需养护设备，容易被小企业所接受，而且生产成本低，更节能环保，所以这种再生砖以后将会有很大的产量。

（3）按孔形分类

① 方孔再生砖。方孔再生砖是新型的空心再生砖品种，它的孔形为方形、长方形或异形，孔洞率最高可达 50%左右，远高于圆孔再生砖。

② 圆孔再生砖。圆孔再生砖是传统再生砖的空心品种之一，它的孔形都是圆形的，孔洞率比方孔要低得多，一般为 20%～30%。因此这种砖的密度比方孔砖大。由于圆孔比方孔容易成型，所以圆孔砖仍有很多生产者。

（4）按密度分类

① 重质再生砖。重质再生砖的密度较高，一般为 1000～2000kg/m^3，强度一般较高，多用于承重墙体。

② 轻质再生砖。轻质再生砖的密度较小，一般为 1000kg/m^3，由于轻质再生砖强度较低，而保温隔热性好，所以它大多用于高层建筑的框架结构，大开间内幕墙等非承重墙体。

（5）按强度分类

① 高强度再生砖。高强再生砖的强度高于 20MPa，主要用于重点工程或其他对墙体要求较高的建筑。

② 普通强度再生砖。普通强度再生砖的强度一般为 10～20MPa，和烧结黏土砖相当，用于普通建筑墙体。

2 建筑垃圾及工业固废再生砖原材料及性能指标

原料、配方、工艺、设备是生产再生砖的四大技术要素，原料及配方是其中最重要的技术要素。因为，工艺、设备都是围绕原料及配方展开的。因此原料的选择及配方设计在再生砖的生产中占据重要位置。根据新型墙体材料应“节土、省地、利废、环保”的原则，建筑垃圾及工业固废再生砖主要以建筑垃圾和工业固体废弃物为原料，这不但是国情的选择，也是可持续发展的需要。

再生砖的配方一般由四部分构成：胶凝材料、骨料、外加剂、辅助材料。

2.1 胶凝材料

2.1.1 胶凝材料的作用

（1）使再生砖产生强度。再生砖是依靠物理加压或振动与化学胶凝固结这两种作用而产生强度的，因此胶凝材料对再生砖的强度有着重要的影响。不管成型机的压力或激振力有多大，再生砖都必须有一定的胶凝性。其胶凝性有时可由活性工业废渣在激发剂作用下产生，但更多则是依靠外加的胶凝材料如普通硅酸盐水泥、镁水泥、石膏、石灰等。没有外加的胶凝材料，单靠废渣往往达不到再生砖应有的强度。因此，胶凝材料在再生砖中是必需的，它是影响再生砖强度最重要的因素之一。

（2）增加再生砖的耐久性。由胶凝材料固结力产生的强度是化学反应形成的，这个强度来自于反应产生的胶凝物质。它将各种废渣颗粒黏结在一起，并堵塞毛细孔，防止水和有害气体的进入，增加再生砖的抗水性能及化学侵蚀能力，因此，再生砖的耐久性才大大提高。仅靠压力和振动力将废渣颗粒结合在一起，在各种外界作用下，这种结合往往不持久。事实证明，添加了胶凝材料的再生砖才更耐久。

（3）缩短再生砖的硬化时间。胶凝材料的硬化性能很好，加量越大，硬化越快，硬化时间越短。有些工业废渣虽有活性，但活性发挥非常慢，如粉煤灰。因此加入胶凝材料能明显缩短凝结时间[9]。

2.1.2 胶凝材料的分类与性能指标

胶凝材料的品种有硅酸盐水泥、镁水泥、石灰、石膏四种，其中最常用的品种为硅酸盐类水泥。当生产高强度再生砖时也可使用镁水泥。在有些配方中，几种胶凝材料可配合使用。其中某些工业固体废弃物因为具有潜在的化学活性，经有效的手段激发后可作为胶凝材料使用。

（1）水泥

一般试验中经常选用的胶凝材料为硅酸盐水泥，硅酸盐水泥熟料的矿物组成为硅酸三钙（$3CaO \cdot SiO_2$简写成 C_3S）、硅酸二钙（$2CaO \cdot SiO_2$简写成 C_2S）、铝酸三钙（$3CaO \cdot Al_2O_3$简写成 C_3A）、铁铝酸四钙（$4CaO \cdot Al_2O_3 \cdot Fe_2O_3$，简写成 C_4AF）。其中，硅酸三钙和硅酸二钙合称为硅酸盐矿物，约占整个矿物组成的75％；铝酸三钙和铁铝酸四钙合称为溶剂矿物，约占整个矿物组成的22％。此外，还含有少量的方镁石、玻璃体和游离氧化钙等。其熟料主要矿物组成的性质见表2-1。现以42.5级普通硅酸盐水泥为例，分析其技术性质，见表2-2。

表2-1　硅酸盐水泥熟料主要矿物组成的性质

矿物名称	硅酸三钙	硅酸二钙	铝酸三钙	铁铝酸四钙
水化反应速度	快	慢	最快	快
强度	高	早期强度低，后期强度发展速度超过硅酸三钙，强度绝对值等同于硅酸三钙	低	低（含量多时对抗折强度有利）
水化热	较快	低	最高	中

表2-2　42.5级普通硅酸盐水泥的技术性质

MgO含量（％）	SO_3含量（％）	凝结时间（min）		抗压强度（MPa）		抗折强度（MPa）		烧失量（％）	氯离子（％）
		初凝	终凝	3d	28d	3d	28d		
≤5.0	≤3.5	≥45	≤600	≥17.0	≥42.5	≥3.5	≥6.5	≤5.0	≤0.06

（2）石灰

石灰本身是气硬性胶凝材料，有一定的胶凝性。但是由于它的胶凝作用很低，且在再生砖中，胶凝材料一般加量都很少，这就使得它本身的胶凝作用很难满足再生砖的强要求，但是石灰能提供 $Ca(OH)_2$和活性废渣中提供的 Al_2O_3反应生成铝酸钙，和 SiO_2反应生成硅酸钙，因此，对于再生砖，主要不是发挥本身的胶凝性，而是发挥它对活性废渣的激发作用。

（3）石膏

和石灰一样，石膏本身具有胶凝性，但胶凝性较差，不能使再生砖的强度达到技术标准。它用于再生砖中，主要是利用对活性废渣的激发作用，协助石灰，促进石灰和活性废渣的反应，生成更多的水化硅酸钙和水化铝酸钙。另外，它可以和活性废渣中的 Al_2O_3反应生成钙矾石（水化硫铝酸钙）。由于钙矾石的水化速度很快，所以，当钙矾石生成以后，再生砖的强度就大大提高，克服了利用工业废渣制备出的再生砖早期强度低的不足。

因此，石膏在再生砖中有两大作用，一是提高石灰的激发能力，二是提高再生砖的早期强度。石膏一般不单独使用，而是配合石灰作用，当使用石灰时才使用石膏。因为它主要是协同石灰。

（4）工业固体废弃物

工业固体废弃物一般包括煤系固体废弃物、钢铁工业冶金废渣、有色金属冶炼渣、矿业固体废弃物等，这类废渣的共同特点是以硅铝为主要成分，有一定的活性，可经$Ca(OH)_2$及活性剂激发以后产生胶凝强度，从而成为新型胶凝材料，可以有效替代水泥，节约产品成本。

① 煤系固体废弃物。这类固体废弃物来自煤的开采、加工、使用等过程，它们都是由煤产生的，因而有共同的技术特征。其典型代表品种如下：

a. 粉煤灰：由煤粉在发电锅炉内燃烧而产生。它是煤在燃烧后剩余的不可燃成分。

b. 炉渣：由煤块在各种工业或生活锅炉内燃烧所排放。炉渣是煤在其碳分大部分烧尽后所产生的灰渣。

c. 煤矸石：是采煤或选煤过程中所排放的废渣，是煤炭形成过程中成煤不好、含碳量很低的岩石。只有经过自燃或煅烧的煤矸石才可用于再生砖，原生态的煤矸石不能用于再生砖[10]。

煤系固体废弃物的共同特征如下：均以活性 Al_2O_3 和 SiO_2 为主要成分；均具有可与$Ca(OH)_2$反应而呈现水硬性的火山灰活性，而不能直接显示水硬性；均是煤的产生物，且均为煤中的碳在燃烧后剩余的残余成分。现以煤系固体废弃物中粉煤灰为例，取自河北西柏坡发电有限公司生产的Ⅱ级粉煤灰，其化学成分见表 2-3，技术指标见表 2-4。

表 2-3 粉煤灰的化学成分

成分	SiO_2	Al_2O_3	K_2O	MgO	CaO	Fe_2O_3	TiO_2	Na_2O
含量（%）	49.31	27.22	1.31	1.55	10.50	4.12	1.06	0.51

表 2-4 粉煤灰的技术指标 （%）

细度	含水率	需水量比	烧失量	SO_3含量	28d 活性指数
17.9	0.1	101	4.42	0.72	70.8

② 钢铁工业冶金废渣。钢铁工业冶金废渣是炼铁和炼钢工程中所排放的炉渣。它们在各种固体废弃物中，是活性最高的品种，因此在再生砖的生产中占有重要的位置[11]。

a. 矿渣：矿渣是高炉冶炼生铁时排放的炉渣，又名高炉矿渣，它是铁矿石在冶炼提铁之后的残渣。矿渣是钢铁工业最重要的冶炼渣，是再生砖的优质原料。

b. 钢渣：钢渣是炼钢过程排出的废渣。因炼钢炉有转炉、平炉、电炉三种，其钢渣也有对应的三种，品质有一定的差异。从再生砖的原料角度讲，它也是比较理想的。但综合品质不如矿渣。

c. 铁合金渣：这种渣是铁合金厂冶炼铁合金时所产生的废渣。它的排放量小，但品质优异，可与矿渣媲美，是再生砖理想的优质原料。

钢铁工业冶金废渣有如下共同的一些技术特征：均含有一定量的硅酸二钙（C_2S），可直接水化硬化；均含有大量 Al_2O_3 和 SiO_2 活性成分，具有与 $Ca(OH)_2$ 反应的火山灰效应；均呈块状或粒状，既可粉磨后成为再生砖的胶凝材料，也可粉碎成细粒状成为再生砖的骨料。现以河南巩义二电厂生产的 S95 级粒化高炉矿渣粉为例，其化学成分见表 2-5，性能指标见表 2-6。

表 2-5 粒化高炉矿渣粉的化学成分

成分	P_2O_5	SiO_2	Al_2O_3	K_2O	MgO	CaO	Fe_2O_3	TiO_2	Na_2O	MnO
含量（%）	0.07	32.72	15.28	0.33	7.28	39.48	1.40	1.41	0.34	0.30

表 2-6 粒化高炉矿渣粉的性能指标

密度（g/cm^3）	比表面积（m^2/kg）	流动度比（%）	烧失量（%）	SO_3 含量（%）	28d 活性指数（%）	含水量（%）
2.80	414	102	1.39	2.1	70.8	0.33

③ 有色金属冶炼渣。有色金属冶炼渣是活性工业废渣的主要类型。其产量仅次于煤系固体废弃物、钢铁工业冶金废渣，居活性工业废渣的第三位。其品种在活性工业废渣中最多[12]。

a. 赤泥：赤泥是铝厂在炼铝过程中所排放的废渣，是铝矿石在提取氧化铝之后产生的残渣。由于我国的铝制品应用广泛，铝产量较高，所以炼铝排放的赤泥是数量最大的有色金属废渣。

b. 铅锌渣：它们是炼铅炼锌所排放的废渣，其中火法冶炼废渣具有高活性，是再生砖优质原料。其他冶炼方法所排放的铅锌渣无活性或活性较低，只能成为骨料。

c. 铜渣：铜渣是火法炼铜所形成的废渣，湿法铜渣较少且品质不高，不是再生砖的主要利用对象，火法铜渣则成为再生砖的较好原料。

有色金属冶炼渣有如下共同的一些技术特征：大多数火法冶炼废渣均含有活性 Al_2O_3 和 SiO_2，具有较高的活性；而非火法废渣相对活性较低或无活性；少数冶炼废渣除具有活性 Al_2O_3 和 SiO_2 之外，还具有硅酸二钙（C_2S），与矿渣的成分和性能相近，属于优质活性废渣，如烧结法赤泥，水淬铜渣等。

④ 矿业固体废弃物。矿业固体废弃物包括两大部分，即采矿废石和选矿尾矿，前者约占 40%，后者约占 60%。

a. 矿业废石：它是矿山开采时地表剥离的废石，是无使用价值的非矿岩石。

b. 尾矿：又名矿尾，是矿石在磨细以后，经选矿取出有用成分之后的非目的成分，不同的尾矿成分，相差较大。

矿业固体废弃物有如下共同的一些技术特征：均不含活性成分，没有火山灰活性，不具胶凝性；均以非活性 Al_2O_3 和 SiO_2 为主，均有较大的颗粒强度和硬度。在再生砖的生产中可以作为骨料掺加[13]。

2.2 骨料

本文所提到的骨料一般分为天然骨料和利用建筑垃圾制备的再生骨料，在我国，建筑垃圾再生骨料主要用于取代天然骨料来配制普通混凝土或普通砂浆，或者作为原材料用于生产非烧结砌块或非烧结砖。采用建筑垃圾再生骨料部分取代或全部取代天然骨料配制混凝土和砂浆已经在很多工程中得以成功应用，有些商品混凝土搅拌站已经专设储存库将建筑垃圾再生骨料作为一种原材料；利用建筑垃圾再生骨料生产非烧结砌块和非烧结砖能够消纳更多的建筑垃圾，是目前我国建筑垃圾资源化利用的重要途径，全国已经拥有数十条生产线，相关产品已经广泛用于各类建筑工程。本节重点介绍利用建筑垃圾制备的再生骨料。

2.2.1 建筑垃圾再生骨料

（1）建筑垃圾的分类与应用

① 废砖瓦。目前我国正在拆除的建筑大多是砖混结构，其中黏土砖在建筑垃圾中占有较大的比例，如果忽略了这部分垃圾的再生利用必然会造成较大的污染和浪费。如果废砖瓦的块型已不完整，或与砂浆难以剥离，就要考虑其综合利用问题。废砂浆、碎砖石经破碎、过筛后与水泥按比例混合，再添加辅助材料，可制成轻质砌块、空（实）心砖、废渣混凝土、多孔砖等。

a. 将碎砖适当破碎，制成轻骨料，用于制备轻骨料混凝土制品。青岛理工大学[14]曾利用破碎的废砖制造多排孔轻质砌块，所用配合比为：水泥10%～20%，废砖（含砂浆）60%～80%，辅助材料10%～20%。采用机械成型，制品性能完全符合建筑墙体要求，市场供不应求。

b. 青岛理工大学将粒径小于5mm的碎砖与石灰粉、粉煤灰、激发剂拌和，压力成型，蒸压养护形成蒸压砖。蒸压粉煤灰砖具有较高的强度及耐久性、抗裂性。

c. 将废砖瓦破碎、筛分、粉磨所得的废砖粉在石灰、石膏或硅酸盐水泥熟料激发条件下，具有一定的活性。小于3cm的青砖颗粒表观密度为752kg/m^3，红砖颗粒表观密度为900kg/m^3，基本具备制作轻骨料的条件，再辅以表观密度较低的细骨料或粉体，制成具有承重、保温功能的轻骨料混凝土构件（板、砌块）、透气性便道砖及花格等水泥制品。

d. 废砖瓦在联合粉磨制砂设备中进行粉磨和选粉制备再生微粉。建筑垃圾再生微粉是生产再生建筑材料的一种主要原材料，用以替代部分水泥并全部或大部分替代粉煤灰，起到降低成本、充分消耗建筑垃圾的作用。

② 废混凝土。建筑垃圾中的废弃混凝土进行回收处理后称之为再生骨料。再生骨料是一种可持续发展的绿色建材，经破碎、过筛等工序处理后可作为砂浆和混凝土的

粗、细骨料。

a. 用于建筑工程基础和路面施工、砌筑砂浆等。利用颗粒整形强化技术可以得到高品质再生骨料，用来配制的混凝土力学性能，耐久性能接近天然骨料混凝土。

b. 配制绿化混凝土。绿化混凝土属于生态混凝土的一种，它被定义为能适应植物生长、可进行植被作业，并具有环境保护作用的混凝土块。

c. 用于地基基础加固。建筑垃圾中的石块、混凝土块和碎砖块也可直接用于加固软土地基。建筑垃圾夯扩桩施工简单、承载力高、造价低，适用于多种地质情况。

（2）建筑垃圾再生骨料性能指标

建筑垃圾在再生砖中主要作为粗骨料和细骨料来使用，采用建筑垃圾再生骨料生产再生砖能够消纳更多的建筑垃圾，是目前我国建筑垃圾资源化利用的重要途径，全国已经拥有数十条生产线，相关产品已经广泛用于各类建筑工程。

① 再生粗骨料。再生粗骨料是指由建筑垃圾中的混凝土、砂浆、石、砖瓦等加工而成的粒径大于 4.75mm 的颗粒。试验中，再生粗骨料经人工破碎筛分成 4.75～10mm、10～15mm、5～25mm 三种粒径；现以郑州鼎盛工程技术有限公司破碎生产的再生骨料为例进行分析，再生粗骨料的性能指标经试验测得见表 2-7。

表 2-7　再生粗骨料主要性能指标

项目＼骨料粒径	4.75～10mm	10～15mm	5～25mm
含泥量（%）	1.6	1.4	1.3
泥块含量（%）	0.9	0.8	0.8
吸水率（%）	5.9	5.7	5.6
针片状颗粒含量（%）	4.5	4.9	5.0
压碎性指标（%）	11.6	12.1	13.8
表观密度（kg/m^3）	2590	2590	2670
堆积密度（kg/m^3）	1510	1500	1510

② 再生细骨料。再生细骨料指粒径＜4.75mm 的再生骨料。再生细骨料主要包含砂浆体破碎后形成的表面附水泥的砂粒、表面无水泥砂浆的砂粒、水泥石颗粒及少量破碎石块。再生细骨料与天然砂相比组成成分复杂，组分中含有微粉、泥土、有害物质等，再加上混凝土块在破碎过程中造成骨料表面粗糙、棱角较多、骨料累积内部存在大量微裂纹；相较之再生细骨料，天然砂则粒形完整、粒径偏小、分布均匀、颗粒圆滑。

a. 再生细骨料颗粒级配。将再生细骨料与天然砂混合，分别以 1∶4、3∶7、1∶1 的比例进行掺配，将含有 20%的再生细骨料称为 20%再生细骨料；将含有 30%的再生细骨料称为 30%再生细骨料；将含有 50%的再生细骨料称为 50%再生细骨料。经过筛选测试，试验测定天然砂与再生细骨料的累积筛余百分率见表 2-8。其中国家标准《混凝土和砂浆用再生细骨料》（GB/T 25176—2010）按性能要求把再生细骨料分为Ⅰ类、

Ⅱ类、Ⅲ类；再生细骨料按细度模数分为粗、中、细三种规格（粗：M＝3.7～3.1，中：M＝3.0～2.3，细：M＝2.2～1.6）。

表 2-8　再生细骨料颗粒级配

累计筛余（%）＼种类 公称粒径	天然砂	再生细骨料	20%再生细骨料	30%再生细骨料	50%再生细骨料
4.75mm	0	0	0	0	0
2.36mm	5.6	48.7	10.0	17.7	20.4
1.18mm	21.5	75.4	28.8	40.0	45.5
0.60mm	54.9	94.4	60.9	71.3	75.6
0.30mm	89.1	98.9	90.0	94.4	94.6
0.15mm	96.0	99.4	96.1	98.2	98.0
细度模数	2.7	4.2	2.9	3.2	3.3

由表 2-8 可知，天然砂级配较为均匀，其细度模数为 2.7，属于中砂；100%再生细骨料颗粒粒径明显较粗，其细度模数为 4.2，大于粗砂的规定；20%再生细骨料颗粒级配为中砂，在Ⅱ级配区；30%再生细骨料和 50%再生细骨料颗粒级配为粗砂，在Ⅲ级配区，均满足《混凝土和砂浆用再生细骨料》(GB/T 25176—2010) 中所要求再生细骨料对细度模数的要求。因此，100%再生细骨料完全取代天然砂应用于工程中是不可行的，再生细骨料的最佳取代率范围为 0%～20%。

b. 再生细骨料主要性能指标。再生细骨料的性能指标经试验测得见表 2-9。

表 2-9　再生细骨料主要性能指标

骨料种类 项目	再生细骨料	天然砂
空隙率（%）	45.0	40.0
含水率（%）	6.69	3.0
24h 吸水率（%）	12.8	2.2
压碎性指标（%）	24.3	12.0
表观密度（kg/m^3）	2311	2532
堆积密度（kg/m^3）	1256	1382

2.2.2　再生骨料与天然骨料的比较

从杨永宁[15]的研究中可以看出，再生骨料的制备基本相似，首先将废弃混凝土锤击破碎，经过磁性分选选出金属、钢筋，通过杂物分选除去木材、塑料，然后经过颚式破碎机，筛除 5mm 以下的细颗粒，得到 5～40mm 的颗粒，再通过偏心旋转设备，使其碰撞、研磨，除去砂浆和水泥浆，得到再生骨料。这样制备数量大、简单，我们将此步骤得到的骨料记为再生骨料 1，将再生骨料 1 通过 5mm 振动筛，除去水泥和砂浆等细小颗粒，最后得到再生骨料 2，本节就再生骨料 1、再生骨料 2 和天然骨料的性能进行研究比较。

（1）再生骨料与天然骨料的性状、杂物含量

再生骨料包括再生粗骨料和再生细骨料，粒径小于 4.75mm 的颗粒称为再生细骨料，大于 4.75mm 的为再生粗骨料。再生细骨料成分复杂，杂物含量较多，与天然砂差异比较大，对其研究也较少，一般不能采用过细的再生细骨料配制混凝土与再生砖。再生粗骨料颗粒一般为表面包裹部分水泥砂浆的石子、少部分与砂浆完全脱离的石子、部分碎砖块，还有很少的一部分是砂浆颗粒。骨料中的杂物主要有金属、塑料、沥青、木头、玻璃、草根、树叶树枝等不属于混凝土、砂浆、砖瓦或石的物质。再生骨料与天然骨料针片状颗粒含量基本相当，杂物含量等有着明显区别，见表 2-10。

表 2-10　骨料的杂物含量与针片状含量

指标	天然骨料	再生骨料 1	再生骨料 2
杂物含量（%）	0	1.2	0.9
针片状颗粒（%）	3	2	2

（2）再生骨料与天然骨料的表观密度、吸水率

由表 2-11 可知：再生骨料的表观密度、堆积密度要比天然骨料的低。再生骨料 1 的表观密度超过天然骨料的 88%，堆积密度超过 83%；再生骨料 2 的表观密度超过天然骨料的 95%，堆积密度超过 92%。这样从骨料的密度中大致可以判断出再生骨料 2 比再生骨料 1 要优越很多。经过振动筛筛分过的骨料，只从密度方面来看，已经与天然骨料很相近。

表 2-11　骨料基本性能的比较

分类	5～10mm			10～20mm			20～40mm		
	天然	再生 1	再生 2	天然	再生 1	再生 2	天然	再生 1	再生 2
表观密度（kg/m^3）	2620	2390	2590	2660	2340	2540	2630	2340	2540
紧密堆积密度（kg/m^3）	1480	1280	1420	1530	1270	1410	1500	1250	1430
空隙率（%）	44	46	45	42	46	44	43	47	44
吸水率（24h）（%）	1.1	9.6	7.7	0.8	6.3	4.4	0.6	9.2	3.1
硫化物及硫酸盐（%）	0.2	0.34	0.20	0.2	0.29	0.37	0.1	0.36	0.23
氯离子（%）	0.001	0.001	0.002	0.001	0.001	0.001	0.001	0.001	0.001
有机物含量（%）	合格	合格	合格	合格	合格	合格	合格	合格	合格

再生骨料中水泥砂浆含量较高，表面较天然骨料要粗糙很多，由于混凝土块在解体、破碎过程中内部产生了大量的细微裂纹，吸水率比天然骨料要大很多。由表 2-11 可知再生骨料 1 比天然骨料吸水率最好的情况下大 7～8 倍；筛分过的再生骨料 2 的吸水率与天然骨料比，最好情况下大 5～6 倍，最大的时候超过 10 倍。这主要是由于这种再生骨料中含有大量的砖渣，对其配合比设计带来很大的困扰，国内试验中常用的

是添加高效减水剂或高效塑化剂，还有增加附加水两种方法来处理。

对再生骨料的检测按照《混凝土用再生粗骨料》（GB/T 25177—2010）标准执行。

（3）再生骨料与天然骨料的压碎值指标、坚固性

再生骨料成分复杂，原石子、砂浆包裹的砂石、砖渣，有少量的杂物，较天然骨料而言，再生骨料压碎损失值较大，但表 2-12 的试验数据显示，再生骨料 2 符合《混凝土用再生粗骨料》（GB/T 25177—2010）中压碎指标Ⅰ类的要求（＜12%），再生骨料 1 符合Ⅱ类要求（＜20%）。

从坚固性试验结果来看，再生骨料和天然骨料在饱和硫酸钠溶液中浸泡、烘干，反复 5 次循环后，再生骨料质量损失较天然骨料大，从表 2-12 中可以看出，再生骨料 2 符合《混凝土用再生骨料》（GB/T 25177—2010）中坚固性Ⅰ类的要求（＜10.0%），再生骨料 1 符合Ⅲ类要求（＜15.0%）。

表 2-12　骨料的压碎值指标与坚固性

分类	5～10mm			10～20mm			20～40mm		
	天然	再生 1	再生 2	天然	再生 1	再生 2	天然	再生 1	再生 2
压碎值指标（%）	—	—	—	4～6	15	10	—	—	—
坚固性（%）	3	8.5	5.6	2	12.6	6.7	2	14.2	5.6

（4）结论

由上述天然骨料与再生骨料的比较可知，再生骨料与天然骨料性能仍存在较多差异，但再生骨料 2 是经振动筛筛分过的骨料，杂物含量低，堆积密度较大，与天然骨料的各项指标很接近。说明经过合理恰当的加工，能得到符合相应规范的再生骨料。在保证质量的前提下，利用再生骨料制备的再生砖能够降低成本，节约原材料，减少矿产资源的开采，使工业废渣建筑垃圾变废为宝，有利于资源环境的可持续发展。

2.3　外加剂

建筑垃圾及工业固废再生砖生产中所使用的外加剂并不多，常用的主要就是活性废渣的活性激发剂，另外还有增塑剂、减水剂、促凝剂、早强剂、防冻剂、着色剂等。

2.3.1　激发剂

（1）激发剂的作用。激发剂就是可以激发活性废渣活性的外加剂，它只对活性废渣才起作用，对那些非活性废渣则没有作用。活性废渣产生的强度主要是它的火山灰效应，即活性 Al_2O_3 和 SiO_2 与 $Ca(OH)_2$ 反应形成水化硅酸钙、水化铝酸钙。如果活性 Al_2O_3 和 SiO_2 被封闭在玻璃体内，它就难以和 $Ca(OH)_2$ 反应，也就形不成水化硅酸钙、水化铝酸钙。所以活化的任务就是将封闭于玻璃体内的 Al_2O_3 和 SiO_2 溶出，使其能够和 $Ca(OH)_2$ 反应。由于玻璃体比较致密和坚硬，一般的物质是难以对它发生作用，将

它打破或溶解。能够对它产生作用的，大多是酸和碱。酸和碱均具有很强的溶蚀性，对玻璃体有很好的溶蚀作用。在此作用下，玻璃体被一层层溶蚀和剥落，逐渐变小，最终全部被蚀尽[16]。

（2）激发剂的种类。激发剂的原理虽不复杂，但种类却很多。激发剂若是单一成分，效果一般不太好。因此，在实际应用时，激发剂皆为复合成分，由多种活化物质配合使用。综合前人研究成果，一般选择碱性激发剂作为固废的化学外加剂。通常使用苛性碱和碱性的盐作为碱激发剂。根据化学组成，碱激发剂可分为六类[17]：

① 苛性碱：MOH。

② 非硅酸盐的弱酸盐：M_2CO_3、M_2SO_3、M_3PO_4、MF。

③ 硅酸盐：水玻璃：$M_2O \cdot nSiO_2$。

④ 铝酸盐：$M_2O \cdot nAl_2O_3$。

⑤ 铝硅酸盐：$M_2O \cdot nAl_2O_3 \cdot (2\sim6)\ SiO_2$。

⑥ 非硅酸盐的强酸盐：M_2SO_4。

其中，苛性碱和碱金属硅酸盐中，钠的化合物（如NaOH、$Na_2O \cdot nSiO_2$）较易获得，而且较为经济。一些学者在研究中也使用钾化合物，性能与钠基激发剂相近。

a. 苛性碱

工业苛性碱是基础化工原料，通过电解氯化钠制得。除了液体产品外，有块状、片状、粉状和球状四种固态的苛性钠。虽然颗粒形态不同，但化学成分相同。

将苛性碱应用于固废中时一般应将其预先溶于水中。苛性碱在溶解过程中或高浓度苛性碱溶液在稀释时会释放出大量的热，在操作过程中应非常小心：应将苛性钠或苛性钠溶液倒入水中，边倒边搅拌，但绝不能将水倒入苛性钠或苛性钠溶液中。如果存在局部苛性钠溶液的温度急剧升高会导致危险性的雾气、沸腾或飞溅；水的初始温度要合适，一般在30～40℃，绝不能用热水或冷水。

在使用过程中，配制苛性碱溶液温度可能较高，直接使用可能会使反应速度加快，一般需要事先冷却至室温。一般所用苛性碱为氢氧化钠或氢氧化钾。

b. 水玻璃

水玻璃是由不同比例碱金属氧化物和二氧化硅结合而成能溶于水的硅酸盐，俗称泡花碱。其化学通式为$R_2O \cdot nSiO_2 \cdot mH_2O$，R指碱金属，如Na、K和Li，$n$指水玻璃的模数。水玻璃的模数越高，则水玻璃的密度和黏度越高。但水玻璃的浓度和模数太高，则水玻璃黏度太高不利于施工操作，且难溶于水，所以水玻璃的浓度和模数不宜过高，一般在2.0～3.0之间。水玻璃是利用固废制砖常用的激发剂之一，常与苛性碱配合使用。在高碱激发剂中加入水玻璃，带入一定量的SiO_2，有利于促进Si的优先溶解。当使用高硅酸钠和氢氧化钠比例的激发剂时，再生砖将产生更高的抗压强度。

工业用水玻璃除液态外，还有将液态水玻璃经过雾化干燥脱水后制成粉末状的固态。但是，这种固态水玻璃极易溶于水。现以工业钠水玻璃为例，研究其性能指标，其模数在2.2～2.5之间，其技术指标见表2-13。

表2-13 水玻璃技术指标

项目名称	技术指标
SiO_2含量（%）	≥29.2
Na_2O含量（%）	≥12.8
密度（g/cm^3）	1.528～1.599
水不溶物（%）	≤0.80
模数	2.2～2.5

2.3.2 减水剂

减水剂是当前外加剂中品种最多、应用最广的一种外加剂，根据其功能分为普通减水剂（在坍落度基本相同的条件下，能减少拌和用水量的外加剂）；高效减水剂（在坍落度基本相同条件下，能大幅度减少拌和用水量的外加剂）；高性能减水剂（比高效减水剂具有更高减水率、更好坍落度保持性能、较小干燥收缩，且具有一定引气性能的减水剂）；早强减水剂（兼有早强和减水功能的外加剂）；缓凝减水剂（兼有缓凝和减水功能的外加剂）、引气减水剂（兼有引气和减水功能的外加剂）等[18]。

减水剂按其主要化学成分分为：木质素磺酸盐系、多环芳香族磺酸盐系、水溶性树脂磺酸盐系、糖钙、腐植酸盐、聚羧酸、脂肪族及氨基磺酸盐等。

各种减水剂尽管成分不同，但均为表面活性剂，所以其减水作用机理相似。表面活性剂是具有显著改变（通常为降低）液体表面张力或二相间界面张力的物质，其分子由亲水基团和憎水基团两个部分组成。表面活性剂加入水溶液中后，其分子中的亲水基团指向溶液，憎水基团指向空气，固体或非极性液体并作定向排列，形成定向吸附膜而降低水的表面张力和二相间的界面张力，在液体中显示出表面活性作用。

当水泥浆体中加入减水剂后，减水剂分子中的憎水基团定向吸附于水泥质点表面，亲水基团指向水溶液，在水泥颗粒表面形成单分子或多分子吸附膜，在电斥力作用下，使原来水泥加水后由于水泥颗粒间分子凝聚力等多种因素而形成的絮凝结构打开，把被束缚在絮凝结构中的游离水释放出来，这就是由减水剂分子吸附产生的分散作用。

水泥加水后，水泥颗粒被水湿润，湿润越好，在具有同样工作性能的情况下所需的拌和水量也就越少，且水泥水化速度亦加快。当有表面活性剂存在时，降低了水的表面张力和水与水泥颗粒间的界面张力，这就使水泥颗粒易于湿润、利于水化。同时，减水剂分子定向吸附在水泥颗粒表面，亲水基团指向水溶液，使水泥颗粒表面的溶剂化层增厚，增加了水泥颗粒间的滑动能力，又起了润滑作用，如图2-1所示。若是引气型减水剂，则润滑作用更为明显。

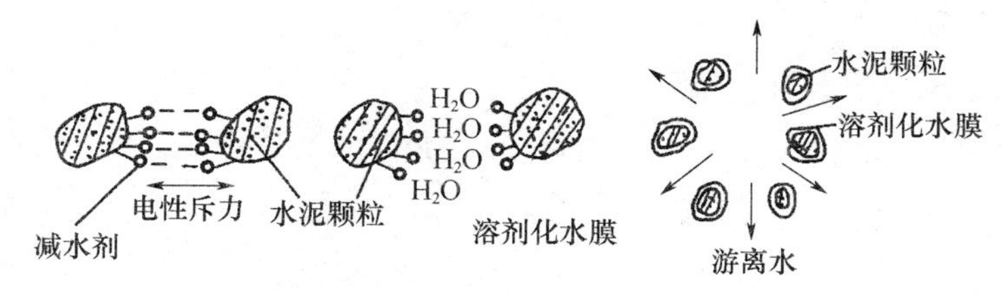

图 2-1 减水剂作用示意图

综上所述，在再生砖中掺加减水剂后可获得改善和易性、减水增强、节省水泥等多种效果，同时再生砖的耐久性也能得到显著改善。

（1）普通减水剂

普通减水剂的主要成分为木质素磺酸盐，通常由亚硫酸盐法生产纸浆的副产品制得，常用的有木钙、木钠和木镁，其具有一定的缓凝、减水和引气作用。以其为原料，加入不同类型的调凝剂，可制得不同类型的减水剂，如早强型、标准型和缓凝型的减水剂。

（2）高效减水剂

高效减水剂不同于普通减水剂，具有较高的减水率，较低引气量，是我国使用量大、面广的外加剂。目前，我国使用的高效减水剂品种较多，主要有下列几种：

① 萘系减水剂；

② 氨基磺酸盐系减水剂；

③ 脂肪族（醛酮缩合物）减水剂；

④ 密胺系及改性密胺系减水剂；

⑤ 蒽系减水剂；

⑥ 洗油系减水剂。

（3）缓凝型高效减水剂

缓凝型高效减水剂是以上述各种高效减水剂为主要组分，再复合各种适量的缓凝组分或其他功能性组分而成的外加剂。

（4）高性能减水剂

高性能减水剂是国内外近年来开发的新型外加剂品种，目前主要为聚羧酸盐类产品。它具有“梳状”的结构特点，由带有游离的羧酸阴离子团的主链和聚氧乙烯基侧链组成，用改变单体的种类、比例和反应条件可生产具各种不同性能和特性的高性能减水剂。早强型、标准型和缓凝型高性能减水剂可由分子设计引入不同功能团而生产，也可掺入不同组分复配而成[19]。其主要特点为：

① 掺量低（按照固体含量计算，一般为胶凝材料质量的 0.15％～0.25％），减水率高；

② 拌和物工作性及工作性保持性较好；

③ 用其配制的再生砖坯料收缩率较小，可改善再生砖的体积稳定性和耐久性；

④ 对水泥的适应性较好；

⑤ 外加剂中氯离子和碱含量较低；

⑥ 生产和使用过程不污染环境，是环保型的外加剂。

具体技术指标参见《聚羧酸系高性能减水剂》（JG/T 223—2017）的规定。

2.3.3 早强剂

能提高再生砖早期强度，并对后期强度无显著影响的外加剂，称为早强剂。当再生砖采用工业固废做胶凝材料时，活性激发需要过程与时间，因此前期强度较低。且再生砖采取自然养护时，不加早强剂的情况下从原料的拌和到凝结硬化形成一定的强度，都需要一段较长的时间，为了缩短生产周期，例如加速模板的周转、缩短再生砖的养护时间、快速达到再生砖冬期施工的临界强度等，常需要掺入早强剂。目前常用的早强剂有氯盐、硫酸盐、有机醇胺三大类以及以它们为基础的复合早强剂。

（1）氯盐类早强剂

氯盐加入再生砖中促进其硬化和早强的机理可以从两方面分析：一是增加水泥颗粒的分散度，加入氯盐后使水泥在水中充分分解，增加水泥颗粒对水的吸附能力，促进水泥的水化和硬化速度加快；二是与水泥熟料矿物发生化学反应，氯盐首先与 C_3S 水解析出的 $Ca(OH)_2$ 作用，形成氧氯化钙［$CaCl_2 \cdot 3Ca(OH)_2 \cdot 12H_2O$ 和 $CaCl_2 \cdot Ca(OH)_2 \cdot H_2O$］，并与水泥组分中的 C_3A 作用生成氯铝酸钙，这些复盐是不溶于水和 $CaCl_2$ 溶液的，氯盐与氢氧化钙的结合，就意味着水泥水化液相中石灰浓度的降低，导致 C_3S 水解的加速，而当水化氯铝酸钙形成时，则胶体膨胀，使水泥石孔隙减少，密实度增大，从而提高了混凝土的早期强度。

氯盐类早强剂主要有氯化钙、氯化钠、氯化钾、氯化铁、氯化铝等氯化物，氯盐类早强剂均有良好的早强作用，其中氯化钙早强效果好而成本低，应用最广。氯化钙的适宜掺量为水泥质量的0.5%～2.0%，能使再生砖1d强度提高70%～140%，3d强度提高40%～70%。

（2）硫酸盐类早强剂

硫酸盐类早强剂主要有硫酸钠（即元明粉）、硫代硫酸钠、硫酸钙、硫酸铝钾等，其中硫酸钠应用较多。硫酸钠为白色固体，一般掺量为水泥质量的0.5%～2.0%。当掺量为1%～1.5%时，可使再生砖3d强度提高40%～70%。硫酸钠对矿渣水泥再生砖的早强效果优于普通水泥再生砖。

（3）有机胺类早强剂

有机胺类早强剂主要有三乙醇胺（简称TEA）、三异丙醇胺（简称TP）、二乙醇胺等，其中早强效果以三乙醇胺为最佳。三乙醇胺是无色或淡黄色油状液体，能溶于水呈碱性，掺量为水泥质量的0.02%～0.05%，能使混凝土早期强度提高50%左右，28d强度不变或略有提高。早强剂可加速再生砖硬化，缩短养护周期，加快施工进度，提高模板周转率，多用于冬期施工或紧急抢修工程。在实际应用中，早强剂单掺效果不如复合掺加。因此，较多使用由多种组分配成的复合早强剂，尤其是早强剂与早强减水剂同时复合使用，其效果更好。

（4）复合类早强剂

复合早强剂往往比单组分早强剂具有更优良的早期效果，掺量也比单组分早强剂低。在水泥中加入微量的三乙醇胺，不会改变水泥的水化生成物，但对水泥的水化速度和强度有加速作用。当它与无机盐类复合时，不仅对水泥水化起催化作用，而且还能在无机盐与水泥的反应中起催化作用，故其作用效果要较单掺三乙醇胺显著，并有互补作用。

为确保再生砖早强剂的正确使用，防止早强剂的负面作用，《混凝土外加剂应用技术规范》（GB 50119—2013）[20]对常用早强剂掺量提出了最高限值。

3　建筑垃圾及工业固废再生砖设备介绍

将建筑垃圾和工业固体废弃物用来制备再生砖，所用的设备分为三类：建筑垃圾的破碎设备；对破碎前或破碎后建筑垃圾进行分选的分选筛分设备；对破碎筛分后的建筑垃圾或工业固体废弃物进行成型的制砖成型设备及全自动制砖生产线。

3.1　建筑垃圾破碎设备

3.1.1　设备的分类

（1）按照工作原理分类：

① 冲击式破碎机：冲击式破碎机靠物料与锤头、物料与物料之间的高速撞击而使物料产生冲击性解离破碎（见图 3-1，图 3-2）。

图 3-1　冲击式破碎机实物图

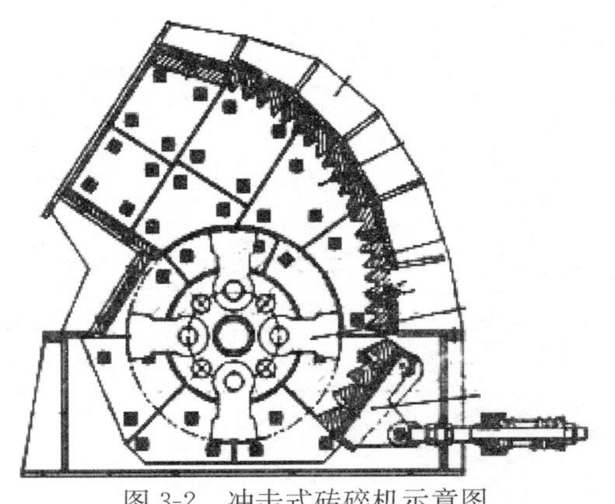

图 3-2　冲击式砖碎机示意图

②层压式破碎机：层压式破碎机靠互相挤压产生的压力使物料破碎（见图3-3，表3-1，表3-2）。

图3-3　层压式破碎机实物图

表3-1　层压式破碎机电机参数

项目	参数	单位	数值
液压油站电机	功率	kW	5.5 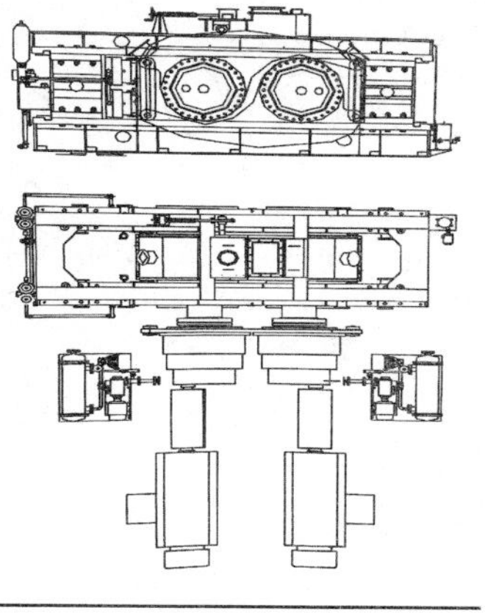
	电压	V	380（50Hz）
液压油站电机加热器	功率	kW	1
	电压	V	380（50Hz）
干油润滑系统电机	功率	kW	0.37
	电压	V	380（50Hz）
减速机油站电机	功率	kW	2.2×2
	电压	V	380（50Hz）

表3-2　层压式破碎机技术性能表

规格	单位	数据（熟料）
挤压辊直径		DSRP 14065
挤压辊宽度	mm	1400
通过量	t/h	266～362
喂料粒度/最大	mm	70%≤42/max≤85%
产品粒度平均＜2mm/＜0.09mm	%	65/20
挤压辊线速度	m/s	1.58
挤压辊最大作用力	kN	6370
液压系统额定工作压力/最大压力	bar	120/160

续表

规格	单位	数据（熟料）
电机功率	kW	2×500
电压（频率）	V（Hz）	1000/（50）
最高喂料温度	℃	100
最大喂料湿度	%	5

（2）按照台时产量分类：按单台破碎设备每小时的生产能力（t/h），可以将破碎机分为大、中、小三类。

① 大型破碎机：生产能力为300～1500t/h。

② 中型破碎机：生产能力为100～300t/h。

③ 小型破碎机：生产能力为0～100t/h。

（3）根据转子数量划分：

① 单转子破碎机：一台破碎机配置一套转子的设备即单转子破碎机（见图3-4，图3-5）。

图3-4　单转子砖碎机实物图

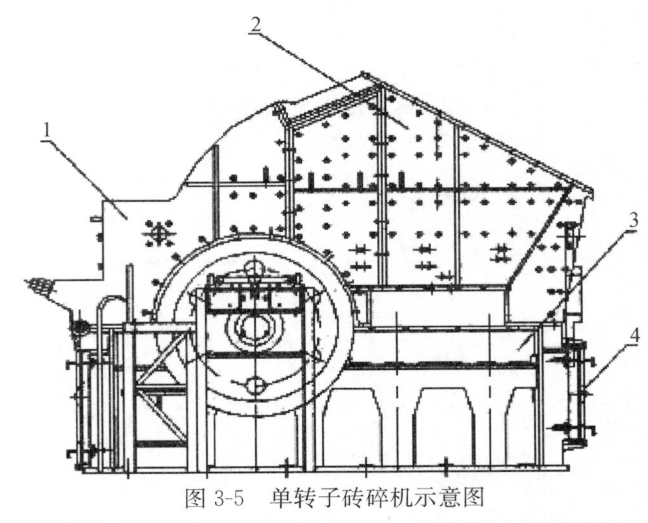

图3-5　单转子砖碎机示意图

1—上壳体（Ⅰ）；2—上壳体（Ⅱ）；3—下壳体；4—下机体门

② 双转子破碎机：一台破碎机配置两套转子的设备即双转子破碎机（见图 3-6，图 3-7）。

图 3-6 双转子破碎机实物图

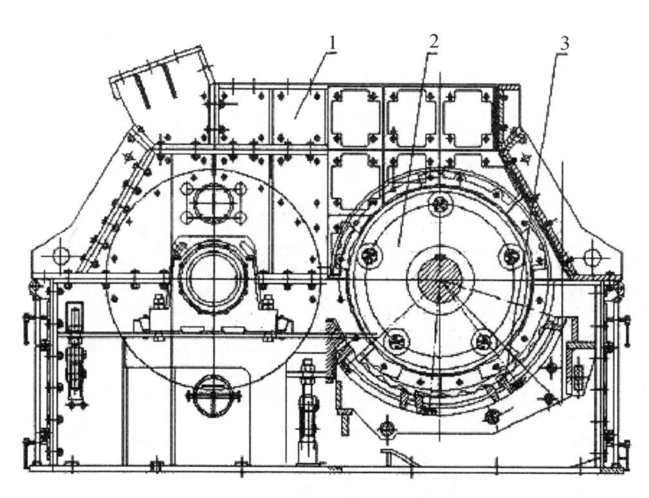

图 3-7 双转子破碎机示意图

1—壳体；2—转子；3—篦架

3.1.2 设备的特点及工作原理

（1）DPF 建筑垃圾专用破碎机

DPF 建筑垃圾专用破碎机是国内一款具有钢筋切除装置的建筑垃圾专用破碎机，主机不会堵塞，再生骨料粒型好，变三级破碎为单段破碎，同档机型中性价比更高，是最佳的建筑垃圾破碎设备。郑州鼎盛公司在 DPX 单段细碎机的基础上，经过多次优化、改良推出了 DPF 系列建筑垃圾专用破碎机。该破碎机为单段破碎机，也是目前国内一款带有钢筋剪切装置的建筑垃圾专用破碎机。它“吃”下去的是砖头、混凝土块之类的建筑垃圾，“吐”出来的却是可以替代天然砂石的再生建筑骨料，像“剪刀”一样可以把建筑垃圾中的钢筋剪断，几乎不会出现过转子被钢筋缠绕的现象，不堵塞主机。[21-22]。

① 破碎机总成工作原理：原矿通过给料设备喂入到破碎机的进料口后，堆放在机体内特设的中间托架上。锤头在中间托架的间隙中运行，将大块物连续击碎并使其坠落，坠落的小块被高速运转的锤头打击到后反击板而发生细碎，再下落至均整区。锤头在均整区将物料进一步细碎化后，物料排出。同时，在均整区的衬板上设计有退钢筋的凹槽，物料中混有的钢筋在经过这些凹槽后被排出。均整板到锤头的距离是可以调整的，距离越小，出料粒度越小；反之，出料粒度就越大。

② 破碎机转子总成（见图 3-8，图 3-9）

a. 转子工作原理：转子由安装在主轴两边的主轴承支承，由大皮带轮接受三角带传递过来的动力，使整个转子体产生转动。在启动的初期，锤头随着转子转动且锤头本身也做 360°的自转。随着转子转速的加快，锤头的离心力也不断增大，当达到一定值时锤头完全张开进入工作状态。当物料从进料口下落到锤头的工作范围后，锤头开始破碎作业。破碎后的小块物料进入第二破碎腔进行二次破碎，破碎后的合格物料排出机外。当遇到特大块的物料时，锤头一次破碎不完全，这时锤头就会自动转动并“藏”到锤盘里，从而达到保护锤头和电机的作用。

b. 转子总成组成：由转子主轴、皮带轮、主轴承、轴承座、锤盘、锤头、锤轴等组成。

c. 系统作用：整个转子系统可以说是破碎机的心脏。一个好的转子要具有良好的动平衡、高使用寿命的耐磨件和高寿命的主轴承。只有具备以上三个特点，才能充分保证破碎机的出料粒度和连续的运转性能。如果一个转子的动平衡不好，耐磨材料和主轴承寿命太短，会直接影响到破碎机的运转和产量，造成维护成本升高，检修频繁[23-24]。

图 3-8　转子实物图

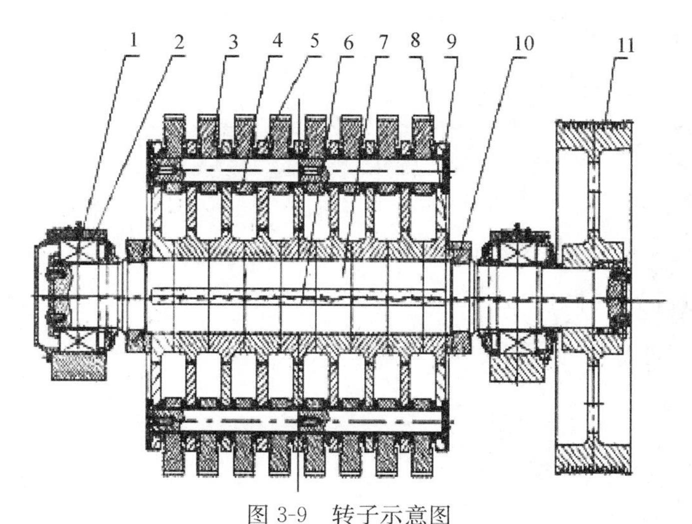

图 3-9　转子示意图

1—轴承；2—轴承座；3—锤头；4—锤轴；5—锤盘；6—主轴键；
7—主轴；8—端套；9—端盘；10—卡箍；11—皮带轮

③ 壳体总成（见图 3-10，图 3-2）

a. 壳体的工作原理：壳体是破碎机的支承部件。它承担着支承转子和承受破碎物料的任务。壳体内安装有高强度的衬板和破碎板。当物料由于转子锤头的撞击四处飞溅时，壳体内的衬板起到破碎和收集物料的作用。机壳内有粗破碎腔和细碎腔，经过这两个腔的破碎和细碎后，合格的物料经下部的排料篦板排出。

b. 组成：破碎机壳体由上机壳、下机壳、内部衬板等组成。

c. 系统作用：机壳在破碎机里有支承转子、破碎物料两个作用。机壳要具有良好的焊接性能，要有足够高的强度和刚度，足够小的内应力，这样才能保证破碎机长时间工作而自身不产生变形。如果一个机壳的强度或刚度不够，会在破碎机长时间的运转过程中产生变性、焊缝开裂等现象，造成破碎机无法正常工作。

图 3-10　壳体总成实物图

④ 驱动系统（见图 3-11）

a. 工作原理：主机产生的动能，通过电动机皮带轮由三角带传递给破碎机的大皮带轮。大皮带轮带动整个转子做圆周运动。从而达到连续运转破碎的目的。

b. 组成：驱动系统由主电动机、电机皮带轮、三角带、大皮带轮组成。

c. 系统作用：驱动系统的功能是把电动机的动能传递给破碎机。大小皮带轮要用优质的铸铁件生产，以保证长时间的使用不会变形。在结构上要保证小皮带轮有尽可能大的包角，这样小皮带轮传动效率才能更高。如果驱动系统的大小皮带轮材质不好，就会造成三角带槽的变形进而产生传动带脱落的现象，造成破碎机的停机[25]。

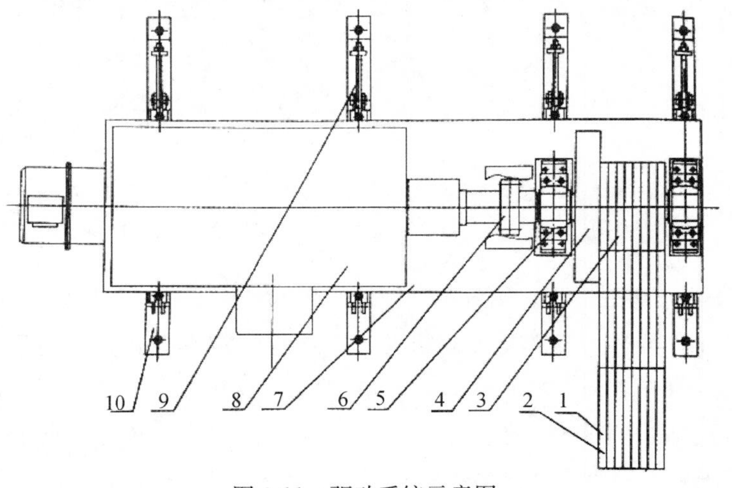

图 3-11　驱动系统示意图

1—主机带轮；2—窄 V 带；3—小带轮；4—飞轮；5—轴承座；6—联轴器；7—电机底座；8—电动机；9—滑轨；10—拉杆

⑤ 耐磨件系统（见图 3-12）

a. 工作原理：冲击类破碎机是靠锤头对物料的冲击使物料产生动能，然后撞击到机腔内的破碎板上而产生破碎的。

图 3-12　耐磨件系统实物图

b. 组成：耐磨件系统由锤头、衬板、篦板等组成。

c. 系统作用：破碎机对物料的破碎是依靠耐磨件来完成的。耐磨件在工作时同时承受着物料对它的冲击和磨损，因此要求耐磨件要有足够的表面硬度和内部韧性。这样才能减少破碎机的破碎成本，提高破碎机的运转率。

⑥ 液压系统（见图 3-13）

a. 工作原理：在破碎机的机壳外部和上机壳外侧安装有液压缸。当启动油泵电动机时，液压油推动液压缸工作，完成锤轴的抽出工作和启盖工作。

b. 组成：液压系统由油泵、输油管道、液压缸、钢结构支架组成。

c. 系统作用：液压系统在破碎机中是个辅助系统，是专门为了方便检修而设计的。液压系统要求有良好的密封性。如果出现漏油现象就不能完全把锤轴抽出，也会提高生产成本。

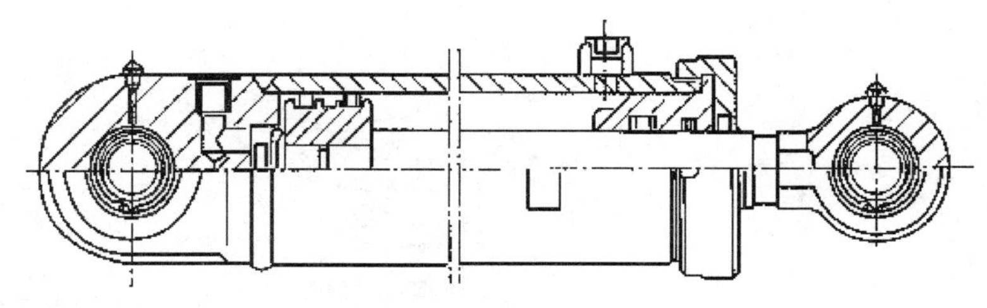

图 3-13　起盖油缸示意图

（2）颚式破碎机

又称颚破、颚式碎石机，主要用于对原材料的中碎和细碎，破碎方式为曲动挤压式，具有破碎比大、产品粒度均匀、结构简单、工作可靠、维护简便、运营费用经济等特点，广泛运用于矿山、冶炼、建材、公路、水利和化学工业等众多部门，破碎抗压强度不超过 320MPa 的各种物料。颚式破碎机的特点如下：

a. 破碎比大，产品粒度均匀；

b. 垫片式排料口调整装置，方便可靠，调节范围大，设备有较大的灵活性；

c. 结构简单，工作可靠，运营费用低。

颚式破碎机广泛运用于矿山、冶炼、建材、公路、铁路、水利和化学工业等众多领域，破碎抗强度不超过 320MPa 的各种物料，是初级破碎的首选设备。颚式破碎机设备组成及工作原理如下：

① 颚破总成工作原理：该系列破碎机破碎方式为曲动挤压型。电动机驱动皮带和皮带轮，通过偏心轴使动颚上下运动，当动颚上升时肘板和动颚间夹角变大，从而推动动颚板向定颚板接近，与此同时物料被压碎或碾、搓达到破碎目的，当动颚下降时，肘板与动颚间夹角变小，动颚板在拉杆、弹簧的作用下离开定颚板，此时已破碎物料从破碎腔下口排出[26-27]。随着电动机连续转动而破碎机动颚做周期性的压碎和排料，进而实现批量生产（见图 3-14、图 3-15）。

图 3-14　颚式破碎机实物图

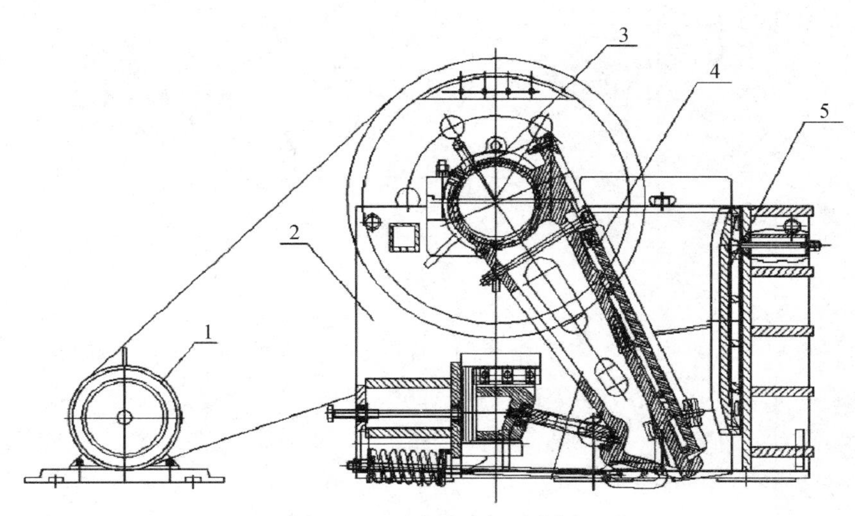

图 3-15　颚式破碎机示意图

1—驱动部分；2—壳体部分；3—转子部分；4—动颚部分；5—定颚部分

② 动颚总成

a. 工作原理：动颚总成由安装在两边的主轴承支撑。当动颚皮带轮转动时带动主轴转动，主轴的中心转动部位有两条偏心的中心线。当主轴沿主中心线转动时，偏心中心线带动动颚做前后及上下的复合运动。当动颚与定颚之间的距离最小时完成破碎工作，当动颚与定颚距离最大时完成排料工作。

b. 组成：动颚由主轴、支承轴承、动颚轴承、动颚体、动颚板、皮带轮、惯性轮等组成。

c. 系统作用：动颚总成是颚破破碎物料的部件，它要有足够高的强度和刚度。动颚板要有良好的耐磨性。支承轴承和动颚体轴承部位要有良好的密封性。由于支承轴承和动颚体轴承在颚破的内部安装，极易进入灰尘。如果密封不好进入灰尘，会极大地降低轴承的使用寿命。

③ 壳体（见图 3-16）

a. 工作原理：壳体是支承动颚总承和定颚板的部件，它要有足够的强度和刚度，以保证整机的运转平稳可靠。

b. 组成：壳体是一个完整的焊接组件或整体的铸钢件。

c. 系统作用：壳体是颚破的主要支承部件。由于颚破工作时的振动大，所以壳体必须有足够的强度和刚度，如果壳体的强度不够，颚破在运转的过程中就会发生变形的现象，影响破碎机的工作[28]。

图 3-16　壳体实物图

④ 驱动系统（见图 3-17）

a. 工作原理：主机产生的动能通过电动机皮带轮由三角带传递给破碎机的大皮带轮。大皮带轮带动整个转子做圆周运动，从而达到连续运转破碎的目的。

b. 组成：驱动系统由电动机皮带轮、传动皮带、大皮带轮组成。

图 3-17　颚式破碎机驱动系统实物图

c. 系统作用：驱动系统的功能是把主电动机的动能传递给破碎机。大小皮带轮要用优质的铸铁件生产，以保证长时间的使用而不会变形。在结构上要保证小皮带轮有尽可能大的包角，这样小皮带轮传动效率才能更高。如果驱动系统的大小皮带轮材质不好，就会造成三角带槽的变形进而产生传动带脱落的现象，造成破碎机的停机。

⑤ 耐磨件系统

a. 工作原理：颚破的动颚板安装在动颚体上，定颚板安装在壳体上。动颚板随着动颚体的复合运动与定颚板之间的间距呈现由大变小然后由小变大的变化，从而完成破碎和排料的作业。

b. 组成：耐磨件由动颚板和定颚板组成。

c. 系统作用：颚破是靠动颚板和定颚板的互相挤压而完成破碎作业的。在破碎的过程中动颚板和定颚板同时承受来自物料的正向压力和切向摩擦力。这就要求动颚板既要有足够高的表面硬度也要有足够高的内部韧性。如果动、定颚板的表面硬度太低，就会很快损坏；如果内部的韧性太低，就会发生断裂的现象。

（3）反击式破碎机

PF 系列反击式破碎机（反击破）是郑州鼎盛工程技术有限公司在吸收国内外先进技术，结合国内砂石行业具体工况条件而研制的最新一代反击破。它采用最新的制造技术，独特的结构设计，加工成品呈立方体，无张力和裂缝，粒形相当好，其排料粒度大小可以调节，破碎规格多样化。本机的结构合理，应用广泛，生产效率高，操作和保养简单，并具有良好的安全性能。

本系列反击破与锤式破碎机相比，能更充分地利用整个转子的高速冲击能量。但由于反击破板锤极易磨损，它在硬物料破碎的应用上也受到限制，反击破通常用来粗碎、中碎或细碎石灰石、煤、电石、石英、白云石、硫化铁矿石、石膏等中硬以下的脆性物料。

① 反击破总成（见图 3-18，图 3-19）

a. 工作原理：反击式破碎机是一种利用冲击能来破碎物料的破碎机械。当物料进入板锤作用区时，受到板锤的高速冲击使被破碎物不断被抛向安装在转子上方的反击装置上破碎，然后又从反击衬板弹回到板锤作用区重新被反击，物料由大到小进入一、二、三反击腔重复进行破碎，直到物料被破碎至所需粒度，由机器下部排出为止。调整反击架与转子架之间的间隙可达到改变物料出料粒度和物料形状的目的[29]。

b. 组成：反击破总成由转子部件、机架、反击架组成。

转子架采用钢板焊接而成，板锤被固定在正确的位置，轴向限位装置能有效地防止板锤窜动。板锤采用高耐磨材料制成。整个转子具有良好的动静平衡性和耐冲击性。

机架有底座、中箱架、后上盖。这三部分由坚固、抗扭曲的箱形焊接结构件组成，彼此用高强度螺栓连接。为保证安全可靠地更换易损件，铰链式机架盖可用棘轮装置启闭。建议用户在机架上放置起吊装置，这将有助于更为快捷地打开上机架以更换易损件或检修设备。机架两侧均设有检修门。

本机装有前、后两个反击架，均采用自重式悬挂结构。每一反击架被单独地支撑在破碎机机架上。破碎机工作时，反击架靠自重保持其正常工作位置；过铁时，反击架迅速抬起，异物排除后，又重新返回原处。反击架与转子之间的间隙可通过悬挂螺栓进行调整。反击衬板可以从磨损较大的地方更换到磨损较小的地方。

c. 传动部分：传动部分采用高效窄V形三角皮带传动。与主轴配合的皮带轮采用锥套连接，既增强结合面承载能力，又便于装拆。转子的转速可通过更换槽轮来调整[30]。

图 3-18　反击式破碎机实物图

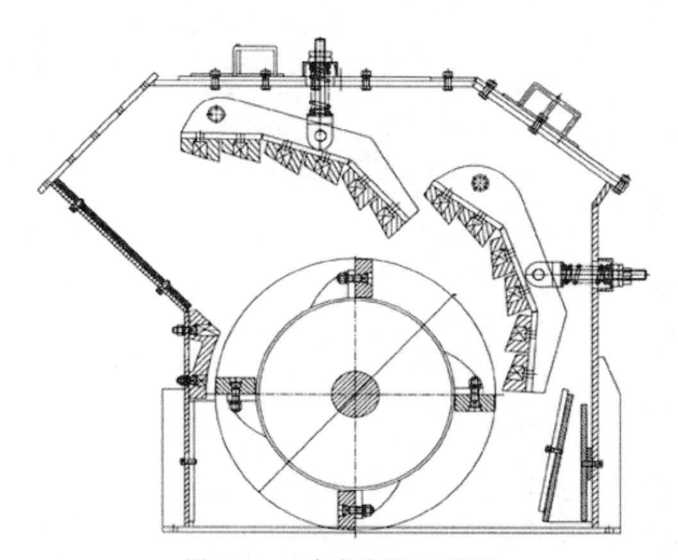

图 3-19　反击式破碎机示意图

② 壳体总成：反击破由前、后反击架、反击衬板、主轴、转子等部分组成。壳体是破碎机的支承部件，要有足够的强度。壳体不能产生变形或开裂现象，在壳体内部

不能存在内应力，如果存在内应力且壳体强度不够，会在破碎运行过程中产生整机的变形，造成破碎机的停机，严重时会造成破碎机的报废（见图 3-20，图 3-21）。

图 3-20　反击式破碎机壳体实物图

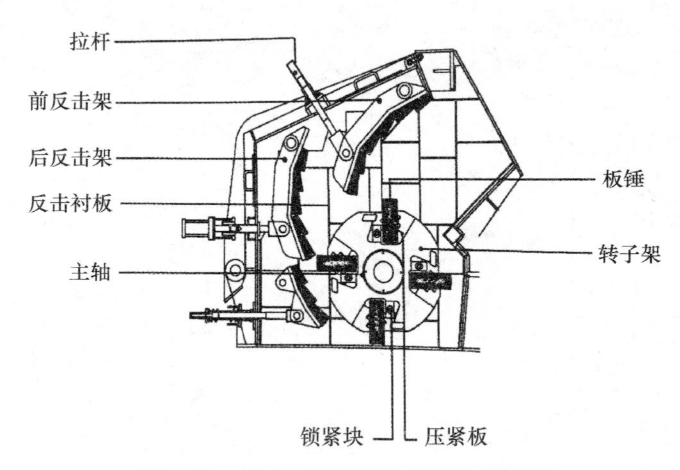

图 3-21　反击式破碎机内部结构示意图

③ 驱动系统：工作原理、组成、系统作用与上文所述“PDF 建筑垃圾专用破碎机驱动系统”同。

④ 转子部分：工作原理、组成、系统作用与上文所述“PDF 建筑垃圾专用破碎机转子部分”同。

⑤ 耐磨件系统：板锤是破碎机耐磨备件的核心零件，要有足够的强度和表面硬度，如果板锤没有足够的表面硬度，板锤在运行过程中很快就会损坏，造成破碎机的维护费用升高。如果板锤的韧性不够，板锤就会断裂，造成破碎机设备事故。

⑥ 液压系统：液压缸是用于机器的起盖装置，液压缸不能有漏油现象。如果液压缸有漏油现象，就会造成维护成本的升高及液压缸工作无力，不能完成抽轴作业及启盖作业。

（4）冲击式破碎机

冲击式破碎机（见图 3-1），简称冲击破，又称制砂机。立式冲击破碎机由进料器、分料器、涡动破碎腔、叶轮体、主轴总成、底座、传动装置及电机等部分组成。

① 冲击式破碎机的设备特点如下：

a. 结构简单合理，自击式破碎，使用费用超低；

b. 独特的轴承安装与先进的主轴设计，使本机具有重负荷和高速旋转的特点。

c. 具有细碎、粗磨功能；

d. 可靠性高，严密的安全保护装置，保证设备及人身安全；

e. 运转平稳、工作噪声小、高效节能、破碎效率高；

f. 受物料水分含量的影响小，含水率可达 8%左右；

g. 易损件损耗低，所有易损件均采用国内外优质的耐磨材料，使用寿命长。少量易磨损件用特硬耐磨材质制成，体积小、质量轻，便于更换配件；

h. 涡流腔内部气流自循环，粉尘污染小；

i. 叶轮及涡动破碎腔内的物料自衬作用可大幅度减少磨损件费用和维修工作量。生产过程中，石料能形成保护底层，机身无磨损，经久耐用；

j. 安装方式多样。

② 冲击式破碎机的工作原理如下：

其设备运转原理可简单表示为石打石的原理。让石子在自然下落过程中与经过叶轮加速甩出来的石子相互碰撞，从而达到破碎的目的。而被加速甩出的石子与自然下落的石子冲撞时又形成一个涡流，返回过程中又进行二次破碎，所以在运行过程中对机器反击板的磨损很少。

石料由机器上部直接落入高速旋转的转盘上，在高速离心力的作用下，与另一部分以伞形方式分流在转盘四周的靶石产生高速度的撞击与高密度的粉碎，石料在互相打击后，又会在转盘和机壳之间形成涡流运动而造成多次的互相打击、摩擦而粉碎，从下部排料斗排出，形成闭路多次循环。由筛分设备控制成品达到所要求的粒度。

3.1.3 建筑垃圾破碎生产线系统

（1）固定式建筑垃圾生产线

① 传统建筑垃圾生产线（见图 3-22）：传统建筑垃圾生产线系统以颚破、反击破配置为主，配以相应的除铁除土设备。

② 单段式建筑垃圾生产线：郑州鼎盛工程技术有限公司专利产品——单段反击式锤破（见图 3-23），具有进料比大、破碎比大、产量大、功耗低等优点，只用一台主机

即可替代传统模式破碎机，简化工艺流程，变多级破碎为一级破碎，成本降低26%，产量增加12%[31-32]。

③ 固定式建筑垃圾生产线优点：厂区规划科学、形象好；用水、用电方便；粉尘可以得到很好的治理；噪声污染可以得到很好的治理；原材料和再生骨料得到很好的储存。

④ 固定式建筑垃圾生产线缺点：基础建设投资大；施工周期长；不可移动作业，对原料开采局限性大；人工成本高；环保投入大。

图 3-22　传统建筑垃圾破碎现场

图 3-23　单段反击式锤破建筑垃圾破碎现场

（2）移动式建筑垃圾生产线

① 轮胎式移动破碎站（见图 3-24）。轮胎式系列移动破碎站是郑州鼎盛工程技术有限公司开发的系列化新颖的岩石破碎设备，大大拓展了粗碎、细碎作业领域。把消除

破碎场地、环境、繁杂基础配置等带给客户破碎作业的障碍作为首要的解决问题，真正为客户提供简捷、高效、低成本的项目运营硬件设施。

图 3-24　轮胎式移动破碎站

轮胎式系列移动破碎站具有以下性能特点：移动性强；一体化整套机组；降低物料运输成本；组合灵活，适应性强；作业直接有效。

一体化机组设备安装形式，消除了分体组件的繁杂场地基础设施安装作业，降低了物料消耗、减少了工时。

② 履带式移动破碎站（见图 3-25）。履带式移动破碎站采用液压驱动的方式，技术先进，功能齐全，在任何地形条件下，均可到达工作场地的任意位置，达到国际同类产品水平。采用无线遥控操纵，可以非常容易地把破碎机开到拖车上，并将其运送至作业地点。无需装配时间，设备一到作业场地即可投入工作。

图 3-25　履带式移动破碎站

履带式移动破碎站性能特点：

a. 噪声小，油耗低，真正实现了经济环保；

b. 整机采用全轮驱动，可实现原地转向，具有完善的安全保护功能，特别适用于场地狭窄、复杂区域；

c. 底盘采用履带式全刚性船型结构，强度高，接地比压低，通过性好，对山地、湿地有很好的适应性；

d. 集机、电、液一体化的典型多功能工程机械产品，结构紧凑，整机外形尺寸有大中小不同型号；

e. 运输方便，履带行走不损伤路面，配备多功能属性，适应范围广；

f. 一体化成组作业方式，消除了分体组件的繁杂场地基础设施及辅助设施安装作业，降低了物料、工时消耗。机组合理紧凑的空间布局，最大限度地优化了设施配置在场地驻扎的空间，拓展了物料堆垛、转运的空间；

g. 机动性好，履带式系列移动破碎站更便于在破碎厂区崎岖恶劣的道路环境中行驶，为快捷地进驻工地节省了时间，更有利于进驻施工合理区域，为整体破碎流程提供了更加灵活的作业空间；

h. 降低物料的运输费用。履带式系列移动破碎站符合物料“接近处理”的原则，能够对物料进行第一线的现场破碎，免除了物料运离现场再破碎处理的中间环节，极大降低了物料的运输费用；

i. 作业作用直接有效。一体化履带系列移动破碎站，可以独立使用，也可以针对客户对流程中的物料类型、产品要求，提供更加灵活的工艺方案配置，满足用户移动破碎、移动筛分等各种要求，使生产组织、物流转运更加直接有效，最大化地降低成本；

j. 适应性强，配置灵活。履带式系列移动破碎站为客户提供了简捷、低成本的特色组合机组配置，针对粗碎、细碎筛分系统，可以单机组独立作业，也可以灵活组成系统配置机组联合作业。料斗侧出为筛分物料输送方式提供了多样配置的灵活性。一体化机组配置中的柴油发电机除给本机组供电外，还可以针对性地给流程系统配置机组联合供电；

k. 性能可靠维修方便。履带式系列移动破碎站，配置的PE系列、PP系列、HP系列、PV系列破碎机，破碎效率高，功能多，产品质量优良，具有轻巧合理的结构设计，卓越的破碎性能，可靠稳定的质量保证，最大范围地满足粗、中、细物料破碎筛分要求。

3.2 建筑垃圾分选处理工艺及设备

3.2.1 分选工艺介绍

（1）运输和粗破碎

将混合建筑垃圾运输至筛分设备的料场，利用破碎炮、液压剪等破拆设备，将其中较大的建筑残体破碎为粒径≤500mm的碎块。利用抓斗将其中混杂的大型废家电、大型金属建材、木质建材、塑料建材分选分类堆放。

（2）预筛分

通过装载机向供料装置持续送料，供料装置中的物料经板式输送机传送到预分选筛。预分选筛可将粒径大于250mm（可调）的物料分选出来，通过传送带输送到粗分骨料堆放处，该传送带一侧设置人工分拣工位，将粗分骨料中混杂的大块织物、废轮胎等大型杂物分拣分类堆放；粒径小于250mm的物料在预分选筛的振动作用下，通过分料板均匀散落在进料传送带上，输送至下一道工序。

（3）磁选

传送带上的物料在进入滚筒筛前，首先通过磁选机。磁选机可将物料中混杂的磁性金属吸附、分拣至专用收集器。由于混合建筑垃圾中含有钢筋、日用金属制品等磁性金属，撞击和摩擦作用会加速筛分设备的磨损和老化，磁选工序不仅可实现金属资源再利用，还可有效延长设备使用寿命。

（4）风送

混合建筑垃圾中一般含大量土质，混杂在土中的轻质塑料制品很难有效分拣。通过风力分散作用，可将密度较低的塑料制品与土质分离，提高后续工序的分选质量。

（5）滚筒筛

滚筒筛孔直径为40mm，滚筒将粒径小于40mm的土和碎石分选到筛下，通过传送带输送到回填土料堆。筛上粒径大于40mm的物料通过滚筒末端进入传送带，送到比重风选仓进行风选。

（6）风选

滚筒筛分选出的粒径大于40mm物料，通过传送带进入风选仓，在物料抛落过程中，利用风压将其中较轻质的塑料袋、塑料瓶和废橡胶、碎玻璃等物品吹入比重风选筛。其中密度最低的塑料袋在风力作用下，直接进入滚筒筛末端的塑料袋收集器，并通过溜板进入液压打包机。其他密度较高的物料落到比重风选筛内部。密度最高的骨料直接落入骨料传送带，通过传送带进入粗分骨料堆。

（7）比重风选筛

比重风选筛的筛孔直径为80mm。比重风选筛是将风选出的物料进行细化分类，其中粒径小于80mm的碎玻璃、塑料、橡胶、废电池通过筛孔进入筛下传送带。粒径大于80mm的塑料瓶、废橡胶等物料（粒径大于80mm的玻璃密度过高，无法通过风选仓进入比重风选筛，因此此类物料中不含玻璃）通过比重风选筛的末端进入收集器。在筛下物传送带两侧设有人工分拣工位，主要用于分拣垃圾中的废电池。全部筛分工序至此完成[33-34]。

（8）人工分捡

将各工序分选出的物料中的大型纺织物、木质建材、塑料建材和废电池分拣、收集。

3.2.2 分选设备介绍

分选设备用于对破碎后的物料进行筛分，分选出制砖所需要的合格骨料。常用的建筑垃圾分选设备有振动筛、风选机、磁选机、分选机器人等设备。

（1）振动筛分喂料机

振动筛分喂料机是广泛用于冶金、选矿、建材、化工、煤炭、磨料等行业的破碎、筛分联合设备，可用于剔除天然的细料，为下道工序传送和筛分所需物料。振动筛分喂料机集筛分选料与传送喂料功能为一体，在激振装置的振动作用下可使振动和筛分功能得到最大程度的发挥，具有很好的经济性。图 3-26 为振动筛分喂料机总成实物图。

图 3-26　振动筛分喂料机总成实物图

① 工作原理：ZSW 系列振动筛分喂料机主要由弹簧支架、给料槽、激振器、弹簧及电动机等组成。激振器是由两个成特定位置的偏心轴由齿轮啮合组成，装配时必须使两齿轮按标记相啮合，通过电动机驱动，使两偏心轴旋转，从而产生巨大的合成直线激振力，使机体在支承弹簧上做强制振动，物料在此振动为主动力的作用下，在料槽上做滑动及抛掷运动，从而使物料前移达到给料的目的。当物料通过槽体上的筛条时，较小的料通过筛条间隙落下，可不经过下道破碎工序，起到了筛分的效果。

② 用途：在粗碎破碎机前连续、均匀地给料，在给料的同时可筛分细料，使破碎机能力增大；在工作过程中可把块状、颗粒状物料从储料仓中均匀、定时、连续地送入受料装置；在砂石生产线中为破碎机械连续均匀地喂料，可避免破碎机受料口的堵塞；可对物料进行粗筛分，其中的双筛分喂料机可以除去来料中的土和其他细小杂质。

③“除土、预筛分”三合一振动喂料机客户案例

据不完全统计，已有数百台郑州鼎盛工程技术有限公司生产的振动筛分喂料机被用在砂石骨料生产线中，并先后出口到俄罗斯等 50 多个国家和地区（注：振动筛分喂料机颜色可根据客户要求进行生产）。

（2）胶带输送机

胶带输送机（见图 3-27）是砂石和建筑垃圾破碎生产线的必备设备，一条砂石生产线通常要用到 4～8 条胶带输送机。主要用于在砂石生产线中连接各级破碎设备、制砂设备、筛分设备，还广泛用于采矿、冶金、化工、铸造、建材等行业。胶带输送机又称皮带机、皮带输送机。胶带输送机可在环境温度－20℃～＋40℃、输送物料的温度在 50℃以下使用。在工业生产中，皮带输送机可用做生产机械设备之间构成连续生产的纽带，以实现生产环节的连续性和自动化，提高生产效率，减轻劳动强度。此外，由于胶带输送机所处位置不同，还常被业内分为主给料皮带机、筛分皮带机等。当然，胶带输送机还被用于移动式建筑垃圾破碎设备、移动筛分站、固定式建筑垃圾处理生产线中。

图 3-27　胶带输送机实物图

（3）YK 高效圆振动筛

YK 高效圆振动筛（如图 3-28、图 3-29 所示）是在参考了目前市场上先进机种和结构的基础上推出的新一代座式圆振动筛，是破碎机的分级设备，主要用于矿山、化工、煤炭等建筑面料，碎石、采石、砂石等的分级，砂石的分类、筛选等。本类筛机具有外形新颖，性能可靠，噪声小，维修方便，技术参数合理，生产能力大等特点。

① 工作原理：圆振动筛是一种最常见也是使用效果最好的筛分设备，尤其是在砂生产线中，该设备可用于对原料中的细小物料进行筛分，也可用于对一级破碎设备、二级破碎设备破碎后的物料进行筛分，经筛分后符合一定粒度要求的骨料被皮带机送到成品料堆。

在 YK 圆振动筛运行过程中，电动机通过轮胎式联轴器驱动激振器、偏心块使之高速旋转产生强大的离心力，使筛箱做强制性、连续的圆运动，物料则随筛箱在倾斜的筛面上被连续抛掷，不断地翻转和松散，细粒料有机会向料层下部移动并通过筛孔排出，卡在筛孔的物料可以跳出，防止筛孔堵塞，如此周而复始就完成了粒度的分级和筛选过程。

② 性能特点：郑州鼎盛公司生产的 YK 系列高效圆振动筛为国内新型机种，该机采用块偏心激振器及轮胎联轴器，具有结构先进、激振力强、振动噪声小、易于维修、坚固耐用等特点。多条砂石生产线生产实践证明，该系列圆振动筛具有以下性能特点：

a. 可通过调节激振力改变和控制流量，调节方便、稳定；

b. 振动平稳、工作可靠、寿命长；

c. 结构简单、质量轻、体积小，便于维护保养；

d. 可采用封闭式结构机身，防止粉尘污染；

e. 噪声低、耗电少，调节性能好，无冲料现象。

图 3-28　YK 圆振动筛实物图

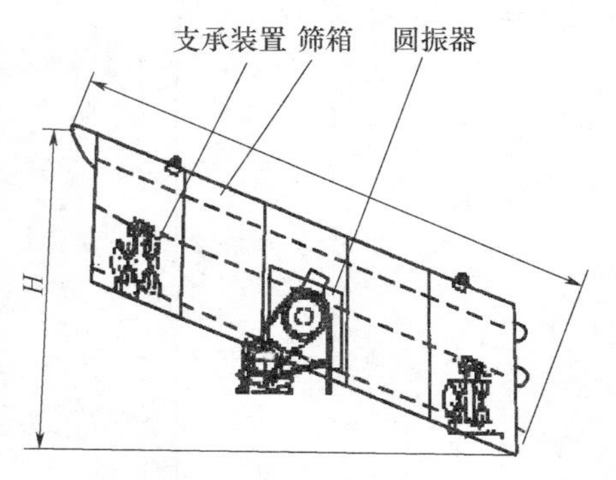

图 3-29　YK 圆振动筛示意图

（4）收尘器

收尘器（见图 3-30）是一种应用比较广泛的除尘设备。收尘器一般有袋式收尘器、脉冲袋式收尘器、电收尘器等。收尘器主要用途有两种，一种是除去尾气中的粉尘，改善环境，减少行染，所以有时候又把这种用途的收尘设备叫作除尘设备；如工厂的尾气排放使用的收尘设备；另一种用途是通过收尘设备筛选收集粉状产品，如水泥系统对成品水泥的收集提取。

图 3-30　收尘器实物图

工作原理：袋式收尘器以收尘风机带动含尘气体进入收尘器内部尘室，尾气通过滤袋变洁净后由收尘风机排出，而粉尘则被阻止，吸附在滤袋的外表面，然后由脉冲阀控制向滤袋内部喷吹高压气体，将粉尘振落，进入骨料斗，经过锁风下料装置（有星型卸料装置和翻板阀两种锁风装置，具体使用哪种视使用环境而定）排出。

（5）轮斗式洗砂机

XS轮斗式洗砂机（见图3-31）又称洗砂机、洗沙机，主要用在制砂工艺中，用于清洗砂子中的混土、粉尘等，亦可用于选矿等作业中的提砂或类似的工艺中，达到洁净砂子的目的。XS轮斗式洗砂机具有洗净度高、结构合理、产量大、洗砂过程中砂子流失少等特点，因而被广泛用于砂石场、矿山、建材、交通、化工、水利水电、混凝土搅拌站等行业中对物料进行洗选。在生产过程中，传动部分与水、砂隔离，故障率大大低于螺旋洗砂机，是国内洗砂机设备升级换代的首选。

图3-31　XS轮斗式洗砂机实物图

① 工作原理：在运行过程中轮斗式洗砂机经电动机、减速机的传动，驱动水槽中的叶轮不停地在水槽中做圆周转动，从而将水槽中的砂石或矿渣颗粒物料在水中搅拌、翻转、淘洗后将物料在叶轮中脱水后排出。

② 性能特点：

a. XS轮斗式洗砂机在洗砂过程中细砂和石粉流失少，所洗建筑砂级配合理，细度模数达到国家《建筑用砂》《建筑用卵石、碎石》标准要求。

b. XS轮斗式洗砂机结构简单，叶轮传动轴承装置与水和受水物料隔离，避免轴承因浸水、砂和污染物导致损坏，大大降低了故障率。

c. 使用XS轮斗式洗砂机洗砂，成品洁净度高、处理量大、功耗小、使用寿命长。

（6）螺旋式洗砂机

XS系列螺旋式洗砂机（见图3-32）可清洗并分离砂石中的泥土和杂物，其新颖的密封结构、可调的溢流堰板、可靠的传动装置确保清洗脱水的效果，可广泛应用于公路、水电、建筑等行业。该螺旋洗砂机具有洗净度高、结构合理、处理量大、功耗少、砂子流失少（洗砂过程中）等优点，其传动部分均与水、砂完全隔离，故其故障率远远低于目前常用的螺旋洗砂机设备。

图 3-32　XS 螺旋洗砂机实物图

① 工作原理：XS 螺旋式洗砂机在工作时，电动机通过三角带、减速机、齿轮减速后带动叶轮缓慢转动，砂石由给料槽进入洗槽中，在叶轮的带动下翻滚，并互相研磨，除去覆盖在砂石表面的杂质，同时破坏包覆砂粒的水汽层，以利于脱水；同时加水，形成强大水流，及时将杂质及相对密度小的异物带走，并从溢出口洗槽排出。干净的砂石由叶片带走。最后，砂石从旋转的叶轮倒入出料槽，完成砂石的清洗过程。

② 性能特点

a. 该螺旋洗砂机结构简单，性能稳定，叶轮传动轴承装置与水和受水物料隔离，大大避免了轴承因浸水、砂和污染物导致损坏的现象发生。

b. 过程中细砂和石粉流失极少，所洗建筑砂级配和细度模数达到国家标准《建筑用砂》《建筑用卵石、碎石》的要求。

c. 该机除筛网外几乎无易损件，使用寿命长，长期不用维修。

（7）轻物质分离器

“亚飞”轻物质分离器是郑州鼎盛工程技术有限公司研发的具有专利技术的产品，垃圾分离效率超过 90%，超出同行轻物质分离设备的 30%以上，创造了国内目前最好的分离效果，在轻物质分离设备的创新方面取得重大突破。其特点如下：

① 循环风设计可减少扬尘，提高设备效率；

② 一次除杂率可达 90%以上，并可多级串联，最大程度上保证除杂效果；

③ 保证建筑垃圾成品骨料的洁净度；

④ 设计理念先进；

⑤ 维修方便，电机消耗低。

“亚飞”轻物质分离器由于条件限制，一直被用在固定式建筑垃圾破碎、制砖生产线中，目前，郑州鼎盛工程技术有限公司已在“亚飞”轻物质分离器的基础上，成功研发出了风选式轻物质分离器，并成功应用在移动式建筑垃圾破碎生产线中。

3.3　建筑垃圾及工业固废制砖设备

3.3.1　主要制砖设备介绍

（1）概述

免烧砖机是综合当前国内外同类设备的优点和市场需要设计制造的新型制砖设备。20世纪70年代，我国引进俄罗斯的八孔转盘式灰砂砖机，利用河砂及少量粉煤灰加水泥或陈化后的白灰压制灰砂砖；但其为圆盘转动，每次只能压一块砖，产量低，压头钢性下压，大掺量使用工业废料粉煤灰时制品排气不足而出现分层现象，不能满足国家墙改要求及当时国家产业政策。为了提高产量，弥补其排气不足导致制品容易分层的弊端，国内机械工程技术人员研制出每次压两块砖、三块砖甚至四块砖的曲轴式双曲柄机械压砖机，其代表作品有郑州的宏大机械及南昌机械。由于其特殊的预压缓冲上压头的设计及可调整下料深度，使当时国家对大掺量使用粉煤灰做原材料制砖作为新型墙体材料的产业结构政策的要求得以实现。该种设备继承了八孔转盘式压砖机的无需托板直接码垛的优点，更以其机械运动的稳定及牢靠性，每分钟成型15～17次，提高了单台设备的产量及制品质量。因当时国家标准只有比较旧的灰砂砖标准和烧结砖标准，而这种设备做出来的砖只能以这两个标准来检测。实际检测中从外形到质量都符合或超过当时的灰砂砖标准和烧结砖标准，根据这种砖成型后类似水泥构件的自然养护方式，不需要建窑不需要烧，于是这种“免烧砖”的叫法从此传开[35]。

进入21世纪后，随着建材机械的发展，新型墙体材料设备百花齐放，2005年至今，随着国家墙改政策的不断深入，新型墙材设备中的成型机的迅猛发展势头如万马奔腾，全国各路厂家纷纷介入这个新兴行业。随着技术的不断改进与深入转化，成型机设备出现百家争鸣景象，国内成型机大致分为：机械压制成型（代表作为曲轴双曲柄机械压制类及改进版的八孔转盘式压制类）、振动成型（代表作为砌块机改良模具后生产水泥砖的设备）、液压成型（代表作为引进国外或经国内改良的大型砌块成型机设备）等。表3-3为各种成型机的特点及应用范围，可供大家在选型时做简单的参考对比，不管其使用何种原材料及何种成型方式，这些设备做出来的砖都使用自然养护或者蒸压养护，所以民间还是俗称这种砖为“免烧砖”，自然而然地生产这种砖的设备也被称之为“免烧砖机”[36-37]。

表3-3　各种成型机的特点及应用范围

机型		特点	应用范围
液压压砖机	大砖机	砖坯质量高，砖的性能优异，产量高，水泥用量少，自动化程度高，不易维修，价格高	粉煤灰、矿尾等细物料
	小砖机	制砖质量好，自动化程度略低，但价格低，产量低	适用于中小规模生产

续表

机型		特点	应用范围
机械压砖机	八孔机	成型快，产量高，易维护，但成坯质量不高，自动化程度低，水泥用量略多	各种原料均能适应，适用于中小企业规模化生产
	双曲柄连杆机	产量高，质量较好，易维护，水泥用量较少，但自动化程度低	各种原料均可，适用于中小企业规模化生产
	摩擦机	制砖质量较好，易维护，水泥用量少，但产量低，自动化程度低，安全性略差	各种原料均可，适用于对产量要求不高的中小企业
振动砖机	模振型	成型质量优于台振型但略差于其他压砖机，易维护，自动化程度高	不适合细物料，适用于粗物料及对产量要求较高者
	台振型	成型质量差但产量高，自动化程度高，易维护	不适合细物料，适用于粗物料及对质量要求不高者

（2）液压压砖机

液压压砖机是通过液压传动液压缸产生的压力来压制砖坯的成型设备。液压型免烧砖机是在陶瓷砖坯液压成型机的基础上，经改造和移植而逐步用于免烧砖生产的。它最早被用于免烧砖的生产，是始于灰砂砖，后来渐渐扩大到其他免烧砖品种，特别是粉煤灰免烧砖和矿尾砂免烧砖。近年来，在免烧砖行业的应用范围仍在不断扩大[38]。

① 分类

液压压砖机根据加压方式的不同分为液压静压式和液压振动式两种。

液压振动式压砖机因加压方式为振动加压，压力小，砖的密实度不够，现已基本淘汰，这里就不再详述。

液压静压式液压压砖机因加压平稳，故障率低，而且可以设置多次排气，所以压制的成品具有外形尺寸标准，密实度高等优点。

② 结构

液压压砖机由主机部分、液压部分、电气控制部分组成，其中主机是液压压砖机的重要组成部分之一，它包括框架、压制油缸、料车、顶出器、接近开关箱及安全机构等主要部件。国内外各公司的压机具体型式不完全相同，但基本上都包括了上述各主要构件。主机设计合理与否，直接影响到压机本身的使用寿命、故障率、砖坯的质量、生产率、能源消耗等问题。

现代液压压砖机的结构形式（按框架结构划分）有传统的梁柱结构、套筒拉杆式梁柱结构、整体框板式结构（焊接式、铸钢式）、柔性框板式机架、预应力钢丝缠绕机架等 5 种结构。各种结构形式分述如下（最常用的为三梁四柱式和板框组装式）：

a. 传统的梁柱结构：该结构在 1000t 以下的压机为三梁二柱式，在 1000t 以上的压机一般为三梁四柱式，但最具有代表性的常用类型为三梁四柱式。图 3-33 所示为三梁四柱框架结构实物图，图 3-34 为三梁四柱框架结构示意图。如图 3-34 所示，压砖机的液压系统通过泵站 17 将电能转化成液压能，经液压系统各部件驱动主活塞 4、布料装置 18、顶砖装置 23 等部件。首先由布料装置将粉料均匀地填充在模腔内，然后由主活塞 4 带动动梁 3 上下往复运动，不断将模腔内的粉料压制成砖坯。排气装置 21 在砖压制的低压与中压之间，中压与高压之间，当油缸上腔卸压时，将动梁 3 微抬起，以满足压制工艺的要求。顶砖装置 23 通过拉杆、套筒与模具的模心相连，顶砖装置带动模心一次下降，构成容纳粉料的模腔，并在压制前两次下降、墩料，以减少扬尘，压制完成后将砖顶出。再由布料装置将压制成型的砖坯推出，完成一次压制过程。

图 3-33　三梁四柱框架结构实物图

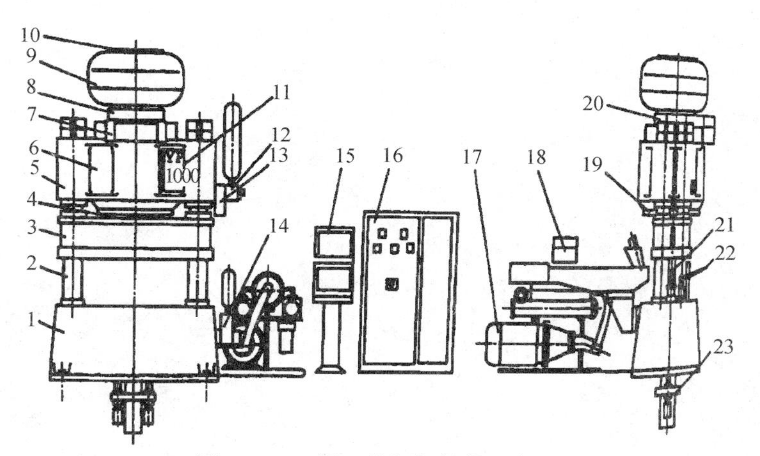

图 3-34　三梁四柱框架结构示意图

1—底座；2—立柱；3—动梁；4—主活塞；5—横梁；6—油缸；7—增压缸；8—阀组Ⅰ；9—充液罐；10—充液阀；11—开关箱；12—阀组Ⅱ；13—调速阀；14—阀组Ⅲ；15—控制柱；16—动力柜；17—泵站；18—布料装置；19—下法兰；20—上法兰；21—排气装置；22—安全装置；23—顶砖装置

在压制过程中，开关箱11通过接近开关，触发元件位置的调整，来控制动梁运动的上下限位。需要在压机动梁下工作（如擦模、换模）时，一定要将安全装置22拉起。安全装置中的安全杆能顶住动梁，并与电控系统连锁，确保工作者的安全[39]。

b. 柔性框板式结构。它是由前后两块轧制厚钢板制成的框板以及上、下托板（相当于上、下横梁的一部分）组成的，从压机前方看，框架具有良好的刚度，但从侧面看，刚度很差，若模具中粉料前后方向分布不均，压制时框架前后方向会产生很大的摆动，俗称点头。实际上这种微摆动是不可避免的。摆动时框板与上、下托板之间产生了相对的移动或局部微分离，所以在框板与托板之间共放置了8组强大的碟簧，以使压机卸荷时将它们回复到原始位置，所以这种框架又称柔性框架。这种框架，使用时要求粉料在前后方向分布均匀，以避免产生过大的摆动。

框架的立柱实际是四条截面呈矩形的“杆”，所以该框架要设置单独的导向装置。

c. 焊接整体式框架。其整体刚度很好。同样原因，这种框架也需设置单独的导向机构。当然，由于整体框架体积较大、机加工及热处理较为困难。

d. 套筒拉杆式框架结构。这种框架的立柱其实是由拉杆及套在外部的套筒组成的。拉杆的两端穿过上、下梁的孔，用专用千斤顶将整条拉杆拉伸，并产生伸长变形，然后将大螺母拧紧，千斤顶卸荷后即可将预紧力施加于拉杆及套筒之间，这时拉杆受的预紧力为拉力，套筒承受的为压力，压力通过螺母压向上、下梁，再压向套筒，保证了工作时套筒与横梁间不产生分离，这种框架结构虽然稍为复杂，但具有许多优点：拉杆的应力变化幅度远比前三种小。若设计得当，甚至接近于受静载荷，所以承受疲劳载荷的能力大为提高；拉杆的几何形状简单，加工制造简单；立柱在工作过程中拉伸变化量很小，也就是立柱的刚度大，这就提高了砖坯的质量，并节省能量。因此，在大、中吨位的压机采用此种结构的愈来愈多。

e. 预应力钢丝缠绕机架（如图3-35所示）。这种机架的上下横梁、左右立柱由多层钢丝预紧成一个封闭机架，钢丝层采用了变张力缠绕以充分发挥钢丝的强度潜力。钢丝缠绕机架与传统的三梁四柱机架相比具有很多优点：它从根本上消除了主要承载部件上螺纹引起的应力集中现象[40]；由于钢丝强度极高，而且钢丝层上由于工作载荷引起的压力波动是很小的，因此预应力钢丝缠绕机架具有很高的疲劳寿命，有效降低了应力集中程度，承载能力提高，可大大减轻框架质量。

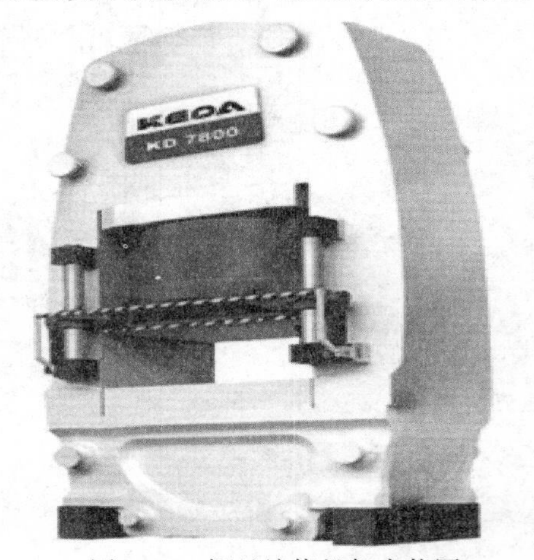

图3-35　钢丝缠绕机架实物图

（3）机械压砖机

目前，在我国机械压砖机的生产和应用方面，八孔或十六孔转盘砖机最为广泛，其次是双曲柄连杆式的冲压砖机、少数的摩擦砖机。

① 八孔（或十六孔）转盘压砖机

八孔（或十六孔）转盘压砖机是我国的第一代免烧砖机，在我国已应用了几十年，最初，它主要用于灰砂砖的生产，后来，随着免烧砖的兴起，它逐渐以生产粉煤灰免烧砖和矿渣免烧砖为主。传统的转盘式压砖机由传动部件、曲轴部件、机座、抱闸、压砖机构、轨道、回转机构、模子、转盘、调料部件、喂料机构等组成。

砖机的工作部分是一个圆盘形的转盘，转盘不断间歇旋转而制出实心免烧砖。转盘式压砖机的转盘由传动机构和回转机构驱动，作逆时针方向间歇旋转。即旋转时在八个方位停顿，每个方位有一个模孔（八孔砖机）或两个模孔（十六孔砖机）每次旋转一个方位（45°），转盘有四个工作方位分别进行装料、预压、压制、顶砖工作，现分述如下。

a. 填料。如图 3-36、图 3-37，在转盘的 A 方位的上方是喂料机构，喂料机构的喂料桶的桶底有一方孔与转盘模孔相通，桶内有不断旋转的喂料刮板，将桶内的压砖坯料（从喂料机上方进入的）不断刮进模孔内，填满模腔（每个模孔中有一个模子，模子上部的模孔空间称为模腔），这个过程叫做填料，亦叫喂料、装料，是在转盘停顿时进行的。

b. 预压。填料后的模孔随转盘旋转，在从 B 旋转到 C 时，由于转盘一方有一个圆环形的轨道，B 到 C 方位的轨道高度是逐渐上升的，因此对该模孔中的模子进行顶升，而该方位的模孔上口是被承压部件封闭的，所以模腔中的坯料即被上升的模子压缩，这是由轨道顶起模子对砖坯的初步压制，称为预压，该过程是在转盘旋转中进行的。

c. 压制。坯料经过预压后的模孔到达 C 后，在该方位下部的压砖活塞被旋转的曲柄所驱动的压砖机构所顶起，面对模子加压顶，活塞运动到达顶点后，模孔中的坯料被最终压缩，成为砖坯，压制过程即结束，这个过程称为压制，或叫压砖，是在转盘停顿时进行的。

d. 顶砖。压砖完毕的模孔旋转，当其从 D 旋转到 E 时，该方位上的轨道高度也是逐渐上升的，因而顶起模子，从而将砖坯上顶，到达 E 时，砖被顶出转盘面，这个过程称为顶砖，是在转盘旋转中进行的，此时砖坯由人工取下装入小车，进入下一工序。顶砖，则砖机连续不断工作，喂料机构也同时不断旋转喂料协同主机进行工作。

图 3-36 是八孔压砖机结构示意图，图 3-37 是十六孔压砖机结构示意图。

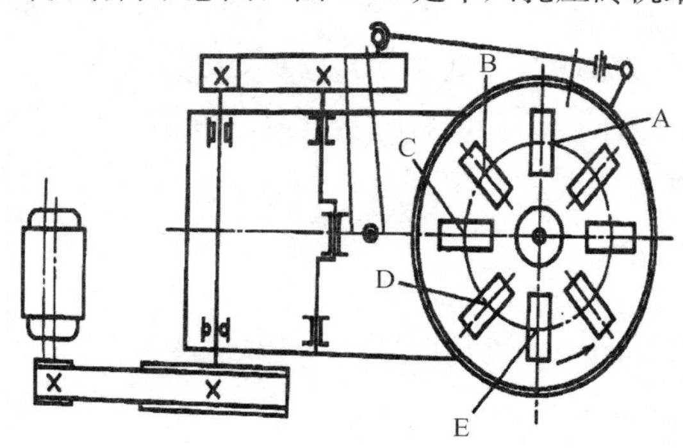

图 3-36　八孔压砖机结构示意图

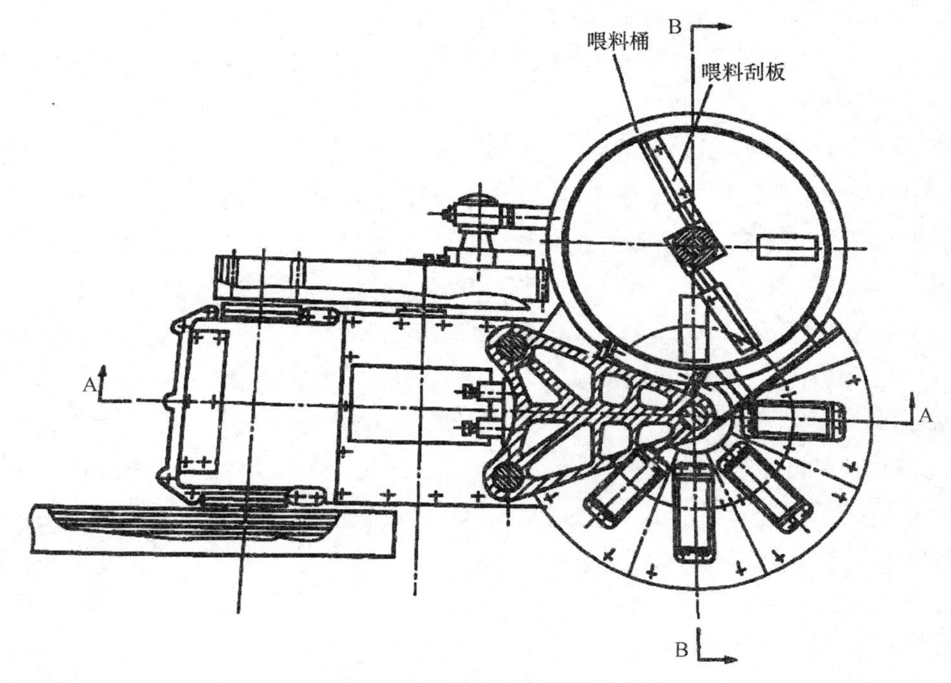

图 3-37　十六孔压砖机结构示意图

② 双曲柄连杆压砖机

a. 成型原理

双曲柄连杆式压砖机成型的基本原理，是依靠机身左右两侧的两个曲柄运动，带动压头的冲压，同时模具下的两组凸轮运动带动，顶出机构将砖坯顶出，或同时对物料顶压。因此，它的成型主要是靠电机带动曲柄和凸轮的运动来完成的。

曲柄在电机的驱动下进行自上而下的圆周运动，当其向圆周的最低点运动时，就通过连接压头的连杆，带动压头下降，对模具里的物料施压，完成砖坯的动作。当曲柄从最低点向最高点运动时，又通过连杆驱动压头向上升起，向复原位，完成了一个加压循环。

凸轮机构位于模具的最下方，共有两组。中心的一组凸轮在电机驱动下完成对模具中的物料施加动作，这一动作是与压头的下压动作同时的，可对物料两面施压。当凸轮的凸出部位上升到最高点时，就对物料顶压，当凸轮的部位下降到最低点时，它就恢复原位，完成一个顶压循环。左右凸轮主要承担砖坯顶出任务。当其凸出部位上升时，就产生顶升作用，将砖坯顶出；当其凸头部位下降时，就恢复原位，完成了一个顶出砖坯的循环。

b. 技术特点

主要优点：它的总体性能在机械制砖机中是较好的，优于八孔转盘压砖机和摩擦压砖机，主要体现在如下几个方面。

产量高于八孔转盘压砖机和摩擦压砖机，也高于一般的中小型液压压砖机；

制砖质量优于单面加压的八孔转盘制砖机。目前，大多数双曲柄连杆式压砖机均采用了双面两次加压，砖的密实度较高，排气较好，不宜分层；

结构简单，易于维护和使用，方便操作，适合于工人素质不是太高的中小企业及个人使用，维护费用相对偏低；

制造成本低，价格低，有着比较理想的性价比。

主要缺点：

产量仍达不到大型规模化生产的要求，在产量方面仍然低于大型液压压砖机和振动砖机，属于中等产量机型；

制砖质量仍不如液压压砖机。它虽然双面加压，但压力较小，特别是顶压力，单靠凸轮的预压力是不理想的，远不如液压压砖机的液压顶压；

自动化程度较低，机械传动特点不如液压传动。

③ 摩擦压砖机

摩擦压砖机也是机械砖机的代表机型之一。这种机型因加压机构的运动方式而得名。当加压螺旋顶端的飞轮与左边或右边的主动回转盘接触时，由于二者间的摩擦，即可带动螺杆旋转，从而使螺杆下端的滑块上升或下降。它在我国的应用已有几十年，是最早的压砖机型。在液压压砖机没有兴起之前，由于摩擦砖机成型能基本满足技术要求，且价格很低，于是，它获得了较大的发展。近年，由于液压压砖机获得越来越广泛的应用，取代了相当部分摩擦砖机，使之应用受到影响而锐减，但在中小型免烧砖企业仍然应用，成为仅次于双曲柄连杆压砖机的第三大机械压砖机，它因可以双面多次加压且价格便宜，迎合了中小型投资者的需求，而在这些企业中受到欢迎。大体来看，它属于中等档次的免烧砖机，综合性能略次于双曲柄连杆式，但在成型质量上优于双曲柄连杆式砖机及八孔转盘压砖机，有一定应用价值。

摩擦压砖机的构造与工作原理如下：

a. 构造。摩擦压砖机的种类很多，构造方面也有区别。普通摩擦压砖机由电动机通过三角皮带、皮带轮、摩擦盘带动飞轮回转，并使丝杠作回转和上下移动。丝杠的下端与滑块相连，并在滑块内作自由转动。丝杠转动时，带动滑块沿机身两侧的导轨作上下移动，完成压砖和出砖的动作。由人工掌握操纵杆，通过杠杆机构将力传递到拨杈，迫使横轴连同摩擦盘一起向左或向右移动，以改变飞轮的回转方向。

出砖机构的作用是将已压制好的砖坯推出砖模。它由连杆、托架、顶砖杆等组成。两根连杆的上端连在滑块上，其下端紧固在顶砖托架上，连杆自由地穿过压砖机底座上的孔。在底座内设有导筒，上粗下细的顶砖杆装入导筒内。顶砖杆的下方正对着顶砖托架上的通孔，在通孔上设有手动或气动、液动的盖板。当不需要出砖时，托架上的通孔未被盖板盖住，顶砖杆可以自由通过此通孔，此时顶砖杆在导筒内的相对位置不变，砖坯不致被顶出。当需要出砖时，通过操纵机构（或人工）将盖板转至托架的通孔位置盖好，当滑块通过连杆带动顶砖托架上升到一定位置时，由托架上的盖板推动顶砖杆向上移动，顶砖杆经底模板将压制好的砖坯顶出砖模。

b. 工作原理。在横轴上装有两个摩擦盘，它们转向相同，转速相等。两摩擦盘之间有一飞轮（摩擦轮），它水平安装在丝杠的顶端。当丝杠系统操纵横轴移动时，会出现两摩擦盘均不与飞轮接触或仅有一盘与飞轮接触的情况。前者飞轮不转动；后者，当左摩擦盘压向飞轮时，飞轮作逆时针转动；当右摩擦盘压向飞轮时，飞轮作顺时针转动。由于飞轮转向不同，飞轮带动丝杠在大螺母中运动的方向也不相同。在丝杠的下部装有滑块与冲头，冲头向上移动可完成顶出制品和加料的工作；当冲头向下移动时，则完成压制工作。

摩擦盘的转向和转速是不变的。由于飞轮与摩擦盘的接触位置改变，所以飞轮的回转速度和冲头上下移动的速度也发生改变。

冲头在作向下运动时，下移速度越来越快，压制的冲击力增大，由此压出的制品比较紧密，并且具有完整的外形；冲头在作向上运动时，上移速度越来越慢，这有利于排出被压缩的气体，不致产生压制缺陷。

（4）振动制砖机

振动制砖机是在空心砌块成型机的基础上发展起来的，虽然在技术参数上与砌块机有一些差别，但其成型基本原理、主体结构、外观形貌等，仍与砌块机基本相同，没有根本性的变化。它只是把砌块的模箱变成免烧砖的模箱，同时变化了一下成型参数而已，严格地讲，它仍是砌块机。

由于振动式制砖机本来是生产空心砌块的，因此，特别适合于生产空心砖，因为空心砖与空心砌块有结构上的相似之处，因而成型工艺与成型机可以通用。严格地讲，空心砖是微型空心砌块。正是因为这个原因，目前，此类振动砖机大多都可用来生产免烧空心砖。当然，调整配方和成型技术参数后也可以生产实心砖。

① 主要类型

振动砖机按传动方式的不同分为液压传动型与机械传动型两种，按振动方式又分为台振式和模振式两种。

按传动方式分类：

a. 液压传动型。这种机型设备的主体传动为液压机构，其液压装置可完成上模头升降动作、脱模动作、布料动作、坯体推出动作等各种成型动作，即成型机的大部分动作均是靠液压来完成的。在这里，液压的主要任务是完成各种成型动作，其次也有通过上模头对物料施压的作用，但这种施压作用不大，太大的压力将会抑制振动，反而降低成型效果。因此，其液压施压只是辅助激振力成型，不是主要成型作用力。所以，它的压力一般只有 0.03～0.15MPa，与静压型液压压砖机 18～20MPa 的成型压力相比，显然是很低的。因此，它虽然是液压传动，但却不是真正意义上的液压压砖机，仍属于液压传动型振动砖机，目前，我国的振动砖机大多为液压传动。

b. 机械传动型。它的传动装置所完成的成型动作为：模头升降、脱模、布料、坯体推出等。同样，除完成成型动作之外，它也通过上模头，对物料产生加压作用，协助振动，共同完成砖坯的成型，但压力也很小，一般不超过 0.1MPa，只起辅助作用。所以这种机型虽然也对物料加压，但不能称为压砖机，仍为机械型振动砖机。这种机械传动砖机一般为中小型，特别是小型居多，大型砖机一般不采用机械传动而采用液压传动。

按振动方式分类：

a. 模振型。它的振动器安装在模箱两侧，直接将振动力传给物料，使物料在模箱内振动密实而成为坯体。它的激振力很强，配套的振动功率较高。因此，它很快可以密实成坯，成型周期一般小于 10s，生产速度快、制品密实度好、强度好。在保持相同强度时，它的水泥用量少，制砖成本低。所以，这种砖机特别适合生产高强度的免烧砖。

模振型振动砖机的模箱较小，每次成型标砖一般不超过 20 块，每次成型数量少。但由于它成型速度快，产量并不低。由于这种砖机的振动器直接安装在模箱上，对模箱的损伤是严重的。因此，它对模箱的质量要求很高，材料要好，加工要精良，刚度要特别好，应能经得起长期振动力的考验。所以，这种砖机的模具构造复杂，加工难度大，造价较高，但使用寿命较长。这种成型机一般采用下脱模的方式，配用钢底板，砖坯成型在钢底板上。模箱装设可更换的衬板和隔板，配以不同的衬板和隔板，可以方便地改变产品的规格和形状。

b. 台振型。这种机型的振动器不是安装在模箱上，而是安装在振动台上和压头上，以振动台振动为主，压头振动为辅，二者共同作用，压头既有压力又有振动力。成型时，模箱落在振动台上，由振动台将振动力传给模箱，再由模箱将振动力传给物料，压头则在施压的同时辅助振动，对砖坯的上表面施压。

由于这种成型机采用台振，要求振动台大一些，以承载更大的激振力。因此，它一般采用大模箱，以与台板相适应。它一次可以成型 30～50 块标砖，每次成型的块数很多。但由于它的振动力不是直接作用于物料，要通过台板、模箱的多重传送，因此，物料密实慢一些。再加上它的振动功率较小，太大时台板弹跳难以操作。因此，它的物料受振力总体是偏低的。在这种情况的制约下，它成型时间较长，一般在 20s 左右，比模振式长一倍。但由于它的每次成型数量大，弥补了它的成型速度慢的不足，因此产量也很高。

因为激振力较小，本机型只适合生产中低强度等级的免烧砖（8～12MPa），而不能生产高强度等级免烧砖（15～20MPa）。同时，它的胶凝材料如水泥的用量较大，砖的成本偏高。

台振式成型机由于模箱不直接受力，其刚度也就不要求过高，加工比较容易，制造成本低，模箱的构造也比较简单。然而当模箱损坏时，一般不能修复再用，使用寿命较短。这种砖机采用上脱模方式，配用木底板，木底板上成型砖坯。成型后，砖坯连同底模一同静停养护。因此，它的底板造价低于模振，底板投资较低。

② 成型原理

前述的液压压砖机、双曲柄连杆砖机、八孔转盘砖机、摩擦砖机，均是依靠压头的压力来成型坯体的，故名“压砖机”，其核心是“压”。振动砖机与上述压砖机的根本区别，在于它不是依靠压头的压力，而主要依靠模箱或振动台的振动来成型坯体的，故名“振动砖机”，其核心是“振”。

目前，大多数振动砖机均采用液压传动，少数采用机械传动（如双曲柄连杆）。不论液压传动还是机械传动，其传动的主要目的不是施压，而是升降成型装置，完成脱模动作、布料、传送成品等。其液压作用和机械作用不是成型砖坯的主要作用力，其成型的主要作用力是“激振力”，这一激振力来自于激振器即振动电机。振动砖机上均安装有功能强劲的多台激振器，免烧砖主要靠它来振动密实。因此，液压传动的振动砖机与液压压砖机是完全不同的，绝不是一个概念，也不属于一种砖机。同理，机械传动的振动砖机也不同于机械压砖机。

然而，许多投资者由于缺乏专业知识，错误地把液压传动振动砖机和液压压砖机混为一谈，认为液压振动砖机就是液压压砖机，结果不少人选错了机型，造成了巨大的经济损失和困难。

液压振动砖机虽有液压上模头，其液压缸是很小的，压力也相应很低，国产机一般压力值为0.05～0.12MPa，是无法单独完成对砖坯的压实成型的。其压头上的液压作用力仅只是一个辅助成型力，特别是要压住模腔内的物料，不使之在激振时溢出模箱，其次是辅助激振共同成型。因此，液压振动砖机的主要成型作用力仍然是激振力而非液压力。

3.3.2 全自动制砖生产线系统介绍

全自动制砖生产线系统主要由分料搅拌系统、计量系统、成型系统、自动传送系统、栈板返回系统、码垛系统、自动打包系统组成（本小节出现的生产线设备图片由福建卓越鸿昌环保智能装备股份有限公司提供）。

（1）配料搅拌系统（图3-38）

配料搅拌系统主要由水泥仓、水泥秤、螺旋输送器、自动配料机、底料搅拌机、面料搅拌机等部分组成，可进行自动配料和自动搅拌。按照生产工艺要求，将储存的各种生产原料分别计量，并输送到搅拌机中均匀搅拌。其性能特点如下：

① 自动配料机可为2到4种物料进行计量，可根据不同原材料种类和成型设备需求选择相应配料机；

② 水泥仓配合水泥秤、螺旋输送机让水泥用量更准确，减少工作环境污染；

③ 本系统由PLC可编程电脑控制，操作简单、可靠，可并入集中控制系统；

④ 行星式搅拌机加装的湿度传感系统可以测定各种原材料的含水量，控制加水比

例，从而保证产品质量。

图 3-38 配料系统

（2）计量系统（图 3-39）

自动为三种骨料进行累计计量，计量精度±2％

① 粗计量：测量值达到设定值的 85％；

② 精计量：粗计量后，卸料门处于“打开”“关上”的间歇工作状态，直至测量值达到设定值卸料门才关闭；

③ 当检测到搅拌机上骨料储存斗无料时，称量皮带输送机和骨料皮带输送机自动启动，并按顺序延时依次打开各称量斗，把计量好的骨料送往骨料储料斗。

图 3-39 计量系统

（3）成型系统

砌块成型机（图 3-40）是全自动砌块出产线的核心设备。智能砌块成型机是一款机能高效提高的成熟机型。其智能化主要体现在全电脑控制、人机对话界面、主要参数在线无级调节等方面。主体系统技术特点如下：

① 成熟高效的振动系统；

② 完善可靠的布料系统。其基本工作形式为对滚式强制布料；科学的拨料齿分布，天然形成的回料阻滞功能加上独特的布料工艺，保证布料的平均性；

③ 主体结构坚固耐用。机架主体由厚壁方管制造，基座采用实体钢板焊接而成；所有焊缝使用特殊抗疲惫焊条焊接而成，坚固、不乱；重要部位经由有限元分析，确保在强振环境下焊缝不开裂，不变形；

④ 机构运行正确、柔和。上、下模箱采用超长导套沿四根实心导向柱运动，确保动作正确可靠；大量采用了数字比例控制，液压元件和机械结构复合缓冲，使所有功能机构动作快捷柔和，在完美实现功能的同时，保证了全系统的长寿命运行；

⑤ 超长寿命的模具成型系统。模具主体采用特殊合金钢制造，大量采用表面硬化、数控加工、水下切割等工艺手段，使模具使用寿命居领先水平；

⑥ 独立完善的面料布料系统。面料布料系统作为一个独立模块可供用户灵活地选择配置，与主机系统有机配合，互不干扰，确保了面层布料的不乱性和正确性[41]。

图 3-40　砌块成型机

（4）自动传送系统

① 湿坯输送线：全自动砌块生产线组成设备，用于湿坯输送，其功能是将砌块成形机生产出来的产品输送到升板机下，完成湿坯输送。生产过程实现自动化，具有动作正确、定位可靠、整机运行平稳、出产效率高等特点。

② 升板机（图 3-41）：用于接取堆放由主成型机出来的带产品的栈板，并上升至划定高度，然后由子母车送至养护窑。升降板机结构设计牢固可靠，摈弃了很多厂家采

用槽钢作主体、小规格链条做晋升的方式；直接采用厚壁方管作机架，牢固美观；双侧连接大链节大滚子专用输送链做晋升，保证承架板连接不乱，承载力大，不易松动。

③ 程控子母车（图3-42）：由子车和母车两个设备组成，在轨道上运行，用来接取升板机的湿坯产品，并将其送至养护窑，然后从其他养护窑接取养护好的产品，并送至降板机。设备控制系统能自动记忆和存储出产过程的一切数据，正确进入养护窑的任何位置，具有自动报警功能。

子母车采用实体钢板机架，大面积机床加工，刚性好，精度高。承板叉用实体特殊钢材制造，不易变形弯曲，寿命长。特殊的轨道液压对准装置，保证子母车运行平稳顺畅。多点导向机构加上柔和平稳的液压动力系统，使升降板快捷柔和，既保证了工作效率，又最大限度避免了湿坯由于机械振动造成损坏。整套系统动力充裕，变频控制，编码定位，机电复合制动，全无人化运行；工作迅捷可靠，取放砌块位置正确，绝无过冲现象[42]。

④ 降板机：本机主要用于将载有养护好的制品送到推砖机、翻板机、托板清扫器、浸油装置、托板库等后期系统。其结构和控制原理与升板机相同，只是运转方向相反。

⑤ 干坯输送机：本机是砌块自动出产线的组成设备，用于干坯输送，其功能是将养护好的砌块（砖）通过降板机送到干坯输送机上，完成干坯输送。出产过程实现自动化，具有动作正确、定位可靠、整机运行平稳、出产效率高等特点。

图3-41　升板机

图3-42　子母车

（5）栈板返回系统

① 横向送板机：本机是全自动砌块出产线的组成设备，用于栈板横向输送，其功能是将干坯输送机送来的栈板输送到送板机上，完成栈板输送。输送过程中还可将栈板涂油。出产过程实现自动化，具有动作正确、定位可靠、整机运行平稳、出产效率高等特点。

② 翻板机（图 3-43）：本机是全自动砌块出产线的组成设备，用于栈板翻转，其功能是将干坯输送机上输送的栈板进行 180°翻转，完成翻板。

③ 涂油机：本机是全自动砌块出产线的组成设备，用于栈板涂油，其功能是将输送机送来的栈板进行涂油，用于栈板的保养，延长栈板使用寿命。

图 3-43　翻板机

（6）码垛系统

码垛机控制系统具有独立的控制柜，通过产业电脑实现状态显示及数据输入，如砌块厚度、层数、码垛机高度、旋转角度以及码垛方式等；能实现理想的人机对话界面；光电开关控制油缸起停时间、平移间隔、旋转角度；采用高敏捷度的位移传感器控制码垛夹的晋升和下降高度，具有保护装置。

① 码垛机（图 3-44）：码垛机采用液压驱动，电液比例阀控制，速度可调、力矩可调、弹性自适应钢爪设计。

图 3-44　全自动码垛机

② 垛盘仓：垛盘仓的作用是根据电控放盘信号将整叠的码垛木托盘最低的那一片码垛木托盘自由地放在下方的链板式输送机上，以供后续码垛砌块（砖）。

③ 链板式输送机：链板式输送机的作用是根据步进电控信号不断地作轮回步进滚动，以方便其上的码垛木托盘从头部向尾部步进输送。

（7）自动打包系统（图 3-45）

本系统由水平捆扎机、穿剑式打包机、薄膜环绕纠缠机和多条输送机组成，必要时可以配置自动喷码设备。码垛机直接在本系统输送线上堆垛。码好的砌块垛由相关功能设备分别进行纵横捆扎，薄膜环绕纠缠形成紧实、牢固且防水的成品垛。良好规则的砌块垛可在堆场上码放 3 层以上，可大幅度节约堆场面积；转运、码放、装车更加快捷便利；薄膜防水保湿、喷码标明出产信息有利于产品质量进步，实现出产全过程的数据化治理[43]。

图 3-45　自动打包机

3.3.3　国内外主要制砖设备企业介绍

（1）国内

① 福建卓越鸿昌环保智能装备股份有限公司

福建卓越鸿昌环保智能装备股份有限公司坐落于福建省南安市雪峰华侨经济开发区，公司占地十几万平方米，建筑面积 72800 平方米，获得“福建省高新技术企业”“省级企业技术中心”等称号。公司拥有非外观专利 79 项（包括 26 项发明专利），获得过省部级科技成果 7 项。作为“中国资源综合利用协会墙材革新工作委员会”主任单位与国家标委员成员单位，参编了《混凝土砖》等 9 部国家行业标准，产品出口达 127 个国家和地区。

该公司致力于推广环保、节能、提高各类固体废弃物综合再利用率的环保型砌块自动成型装备的研发、生产、销售，以及整体解决方案的设计和一体化服务，是中国主要环保节能利废建材装备专业制造商，是主要“绿色”环保建材解决方案的提供商之一。

环保型砌块自动成型装备是利用各种固体废弃物（包括粉煤灰、废水炉渣，矿山废渣、经处理过的生活垃圾和建筑垃圾等）或页岩石、煤矸石等，配以少量比例的水泥、沙、石，生产出各种外墙砌块、内墙砌块、花墙砌块、楼板块、护堤块、铺地砖、水工砖等各类砌块，广泛应用于房屋建筑、铁路和公路路沿、桥梁、码头、引排水工程建设以及人行道路、广场、园林、水土保持等市政工程建设。

“鸿昌砖机”根据产量大小选择不同型号的砌块成型机，根据投资规模可选择简易型、优化型、欧版简易型、欧版精选型、U系列多功能免托板（U15-15/U18-15）、半自动配置、全自动配置等砌块成型机制砖生产线。现将鸿昌公司的U18-15多功能免托板全自动生产线、欧版海格力斯QT15-15全自动生产线做简要介绍。

a. U18-15多功能免托板全自动生产线

U18型多功能免托板全自动生产线是福建卓越鸿昌公司自主研发的一款墙地砖成型设备，有效生产面积可达1.3×1.3m²；制品体积容重可达到2400kg/m³，吸水率可达到6%以下；制品质量误差只有±1.5%，强度误差可达±10%；制品高度误差可控制到±0.2mm；成型后立即自动堆码，免托板、免辅助设施、无耗材；单班产能15万块标砖（加强板可做20万块）含自动打包只需3个工人，后期装卸也无需人工。主要技术参数如下：

生产能力：有效成型面积1300mm×1300mm（具体项目产能见表3-4）；

表3-4　部分砖型产能表

砖型	400×500×95（水工砖）	240×115×90（八孔砖）	200×100×60（地砖）	240×115×53（标砖）
块/模	6块	50块	60块	115块
小时产量	1080块/20m³	9000块/22.4m³	10800块/216m²	24150块/35m³
日产量（16h）	17280块/328m³	144000块/358m³	172800块/3456m²	38640块/568m³
年产量（300d）	518.4万块/9.8万m³	4320万块/10.7万m³	5184万块/104万m²	11592万块/17万m³

有效成型高度：60～200mm；

主成型机总装机容量：130kW；

成型周期：15～20s，（以国标为准，含双层布料25s）；

振动频率：2800～3400r/min（变频可调）[35～60Hz]；

激振力：180～270kN；

额定工作压力：12～25MPa；

设备总重：约80t；

厂房面积：500m²以上（含养护室）；

堆放场地面积：6000～10000m²（含材料堆场）；

总用水量：约12m³/天；

产品养护时间：制品在静停区自然养护6～12小时，然后送到室外成品堆场码垛养护，国标要求养护需28天后即可外运（地砖一周便可使用），静停自然养护后制品可堆码4米高度，场地使用率可提高2.5倍。用缠绕拉伸膜打包，靠混凝土自身发热，水分不会流失，其养护效果优于塑料大棚，需加热时将制品放在车库式养护室内通上蒸汽便可。

图3-46为U系列中的U18-15多功能免托板全自动生产线。

图3-46　U18-15多功能免托板全自动生产线

b. 欧版海格力斯QT15-15型全自动生产线

欧版海格力斯QT15-15环保型砌块自动成型装备，除具备传统混凝土砌块的生产能力外，还可以利用各种建筑垃圾固体废弃物，配以适量比例的水泥、生产出各种外墙砌块、内墙砌块、花墙砌块、护堤块、透水砖、水工砖、路沿石等各类砌块及高附加值的复合保温砌块，自保温砌块等新型墙体材料及优质的环境景观产品，是目前国内具有先进性、经济耐用性好的机型。

设备适用于制造（高度60～400mm）高质量、高强度的仿石透水砖，是国内市场上最先进、最可靠的机型。技术参数如下：

制品最大尺寸：1307×1020×40～400mm；

铁（竹胶）托板尺寸：1400×1100×14（40）mm；

成型块数：15块/次；（390×190×190mm砌块）

成型周期：15～18/s，（双层布料另加5～8s）

振动频率：2900～4800r/min（电机变频振动可调）；

激振力：120～160kN；

额定工作压力：12～25MPa；

主机功率：90kW；

外形尺寸：4850mm×2150mm×3390mm。

欧版海格力斯 QT15-15 型全自动生产线中的成型机见图 3-40（3.3.1 节），全自动生产车间见图 3-47。

图 3-47　QT15-15 型全自动生产车间

② 西安银马实业发展有限公司

西安银马实业发展有限公司位于中国历史文化名城西安，是一家致力于绿色环保的高端混凝土制品成套装备的研发、制造、销售，并提供工业固废制砖技术的高新技术企业。二十多年来，公司产品研发及技术创新始终居于行业前列，拥有享誉业界的几十项国家专利技术。公司拥有一支由获得国务院特殊津贴的行业专家带领的多学科专业人才组成的专业产品研发团队，具备了前沿的产品科技研发实力和产业基础。银马公司一直坚持不懈地推进产品的技术创新与应用，其自主研发生产的全自动双机并列生产线于 2015 年获得西安市科学技术二等奖；2015 年 12 月被中华人民共和国科学技术部列入“国家火炬计划产业化示范项目”；2015 年获得“中国工程机械年度产品 TOP50”评委会奖；2017 年承担国家十三五重点课题“预制混凝土 PC 构件生产关键技术及装备”（课题编号：2017YFC0704005）子课题负责单位；2019 年获得由陕西省和西安市工业设计协会颁发的“西部（中国）工业设计圆点奖”。

银马公司以提供绿色环保的高等级混凝土制品机械成套装备的研发为重点，为客户提供先进的高等级的专业化成套设备生产线、数字化 PC 工厂的建厂落地实施方案以及 VIP 星级产品售后服务，是行业内率先研发智能码垛机器人的企业。银马公司已在海内外成功实施数百条环保砖工厂的落地方案，其产品质量及技术水准均得到海内外客户的高度赞誉。

a. 爱尔莎 2000 牌建筑垃圾环保砖生产线

项目名称：建筑垃圾循环综合利用项目，高端建筑垃圾环保砖生产线工厂；

项目地址：陕西阎良；

生产设备：爱尔莎 2000 牌建筑垃圾环保砖生产线；

设备型号：QFT12-18；

设备参数：见表 3-5；

表 3-5 QFT12-18 型设备参数

砖型及规格（mm）	图片	成型块数	成型周期	生产能力
198×98×60/80（普通荷兰砖）		54 块/板	20～25s	7800～9700 块/h
250×250×60/80（盲道砖）		20 块/板	20～25s	2800～3600 块/h
500～750×120×300（彩色路沿石）		2 块/板	30～35s	200～240 块/h
447×298×80/100（草坪砖）		8 块/板	20～25s	1150～1400 块/h
225×112.5×60（波浪砖）		40 块/板	20～25s	5700～7200 块/h
240×115×53（标砖）		80 块/板	15～20s	14000～18000 块/h
390×190×190（标准砌块）		12 块/板	18～22s	1900～2400 块/h
托板尺寸	长×宽：1400×1100（mm）			
振动方式	变频、变幅，银马国家发明专利技术			
成型范围	可成型生态透水砖、彩色地砖、墙砖（高承重、非承重墙砖）、特种砖（路沿石、护坡石）等各种产品			

设备产能：年产 60 万平方米建筑垃圾高端环保路面砖；

设备图片：见图 3-48、图 3-49。

b. 超级美洲豹 2001 牌建筑垃圾环保路面砖生产线

项目名称：年产 50 万平方米建筑垃圾环保路面砖生产线项目；

项目地址：陕西泾阳；

生产设备：超级美洲豹 2001 牌建筑垃圾环保路面砖生产线；

设备型号：QFT9-18；

设备参数：见表 3-6；

图 3-48　爱尔莎 2000 牌建筑垃圾制品成型主机

图 3-49　坐标式码垛机器人系统（银马公司专利产品）

表 3-6　QFT9-18 型设备参数

砖型及规格（mm）	图片	成型块数	成型周期	生产能力
198×98×60/80 （普通荷兰砖）		40 块/板	20～25s	5700～7200 块/h
250×250×60/80 （盲道砖）		12 块/板	20～25s	1700～2150 块/h

续表

砖型及规格（mm）	图片	成型块数	成型周期	生产能力
500～750×120×300 （彩色路沿石）		2 块/板	30～35s	200～240 块/h
447×298×80/100 （草坪砖）		4 块/板	20～25s	570～720 块/h
225×112.5×60 （波浪砖）		30 块/板	20～25s	4300～5400 块/h
240×115×53 （标砖）		56 块/板	15～20s	10000～14000 块/h
390×190×190 （标准砌块）		9 块/板	18～22s	1400～1800 块/h
托板尺寸	长×宽：1250×900（mm）			
振动方式	变频、变幅，银马国家发明专利技术			
成型范围	可成型生态透水砖、彩色地砖、墙砖（高承重、非承重墙砖）、特种砖（路沿石、护坡石）等各种产品			

设备产能：年产 50 万平方米建筑垃圾环保路面砖；

设备图片：见图 3-50、图 3-51。

图 3-50 超级美洲豹 2001 牌建筑垃圾制品成型主机

图 3-51　超级美洲豹 2001 牌生产线总图

（2）国外

① 美国贝塞尔公司

贝赛尔公司（Besser Company）从 1904 年生产出世界上第一台砌块成型机起，一直致力于各类混凝土砌块生产设备的设计和生产。目前贝赛尔公司已发展成世界上最大的砌块设备生产商，贝赛尔公司提供的模振砌块设备和大托板台振铺地砖设备，已扎根在世界 150 多个国家和地区，是世界混凝土砌块行业优选设备。

贝赛尔公司总部：位于美国密歇根州阿尔皮纳，它不仅是公司管理经营的核心，同时也是生产制造和技术培训的中心，主要包括砌块设备制造加工工厂和世界混凝土技术培训中心。历经百余年的发展，美国贝赛尔设备形成了独具特色的“设备强劲、耐用、自动化程度高、运行费用低廉及其生产产品尺寸精确、离散性小、强度高”的突出特点，“贝赛尔”已成为混凝土机械行业中优秀的设备品牌，其生产的广泛优质的建材产品正在为客户赢得持续丰厚的效益。为推动世界混凝土行业技术水平和客户服务水平不断向前发展，贝赛尔公司和美国政府联合创办的“世界混凝土技术中心”，将解决客户的所有专业需求，其研究成果被全球用户同步分享。

贝塞尔公司提供生产以下产品的完整系统：

混凝土砌块及混凝土砖制造系统；

市政工程用大、中、小口径水泥管制造系统；

商品混凝土制造系统预制和预应力混凝土制造系统；

水泥制造系统；

各种环保利废产品的制造工艺及装备；

市政用混凝土铺地砖的制造系统；

混凝土水工、土工及景观产品的制造系统。

贝赛尔中国企业集团，现下辖燕郊、张家口、常州三大生产基地。2003 年 7 月 21

日，美国贝赛尔公司在北京东部的燕郊开发区成立贝赛尔机械（三河）有限公司。其占地13000平方米，建筑面积6000平方米，是固废处置及混凝土建材装备的制造中心。目前已成为集团的运营管理、技术开发、销售和售后服务的中心。现阶段贝塞尔中国企业主要生产高端混凝土制品及固废物处置设备；经济型混凝土制品及固废物处置设备；市政水泥管涵自动化装备；其他高端功能性装备。表3-7为高端混凝土代表性全自动砌块生产线技术参数。图3-52为贝塞尔公司高端混凝土制品及固废物处置中的140/100全自动混凝土生产线设备。

表3-7 高端混凝土代表性全自动砌块生产线技术参数

参数型号	140/100	140/120	140/130	V8
成型块数	12块（390×190×190）	15块（390×190×190）	18块（390×190×190）	8块（390×190×190）
托板面积（mm）	1400×1000×14	1400×1200×14	1400×1300×14	940×858×14
工作面积（mm）	1300×950	1300×1150	1300×1250	900×820
生产制品高度	50～400	50～500	50～500	900×820
振动方式	台振	台振	台振	模振
成型周期（s）	12～20	12～20	12～20	12～20
装机总功率（kW）	132.5	142.5	155.5	135
外形尺寸（mm）	6247×2885×3057	7920×2775×3370	8020×2775×3370	4531×2660×4013
设备自重（kg）	20200	24500	25300	19000

图3-52 贝塞尔公司140/100全自动混凝土生产线设备

② 德国玛莎公司

德国玛莎公司始建于1905年，坐落在世界闻名的莱茵河畔，是欧洲混凝土砌块设备制造领域里的第一家百年老店，以设计、开发和制造优质的混凝土砌块成型设备而闻名于世，被誉为“造石先驱者”。其混凝土砌块和高强度铺路砖、路沿石等产品被广泛地应用于各种节能建筑和市政建设领域。玛莎公司于1996年行业内率先获得了

DNV质量体系认证（包括德国工业标准DIN、欧洲标准EN与ISO9001三个认证），赢得了客户的广泛赞誉。玛莎公司新近开发的R9001XL综合了振动成型与挤压成型的优点，既可制造超级承重空心砌块，又可制造高强度彩色地砖等多种高档混凝土制品，代表了目前砌块机的发展方向，是客户获取市场的有力武器。玛莎集团自1996年开始正式进入中国市场，并于2003年在天津设立子公司—玛莎（天津）建材机械有限公司，迄今已有30多条生产线分布在中国各中心城市。天津子公司完善的售后服务及充足的备品备件储备有力地保证了客户设备高效、稳定的运行[44]。

于一个混凝土成型设备制造100年的成功者而言，玛莎真正的出色之处在于对混凝土成型技术的突破、融合和创新。时至今日，无论是台振式成型机，模振式成型机，高压灰砂砖成型机，湿法压板成型机，乃至加气混凝土成型技术，玛莎都可以提供全方位的设计、生产和设备的最专业的解决方案。

玛莎公司的主要产品有混凝土砌块、经济型砌块成型机、中型砌块成型机、大型砌块成型机。表3-8为玛莎公司一些代表机型的相关产能指标。

表3-8 玛莎公司一些代表机型的相关产能指标

类型	机型	标准托板尺寸（mm）	产品最大高度(mm)	循环周期（s）		每板成型块数		每8小时产量	
				空心砌块	矩形铺路砖	空心砌块	矩形铺路砖	空心砌块	矩形铺路砖
经济型	R250AF	750×550	250	15	17.5	3	12	4900	350
中型	M5.1	900×850	250	17.5	20	8	28	11400	680
大型	L8.1	1400×850	350	15	17.5	12	42	19584	1200
	XL9.1	1400×1100	500	12	15	12	60	30600	1958
	XL9.1	1400×1300	500	12	15	18	60	29376	1958

（1）空心砌块尺寸为400mm×200mm×200mm，矩形铺路砖尺寸为200mm×100mm×60mm；砌块壁厚>30mm（2）根据要求可选择不同托板面积（3）生产效率按85%计算，数据为理论值，实际产量取决于具体的设备调整状况，产品配方，原材料等级等众多因素

图3-53为大型混凝土砌块成型机L8.1。L系列全自动固定式砌块成型机，适用于高效大规模生产优质砌块产品，标准托板尺寸为1100mm×550mm至1400mm×850mm。机身紧凑，坚固耐用，设备配备最为先进的机械、液压、气动、电动系统。具体标准设备包括：二次布料系统；加强型承载机架，焊接紧凑结构；稳固的振动支撑台；悬浮式一体化振动台；西门子S7控制系统，稳定可靠；自动变频控制系统，高强度产品的保障；采用15" TFT可视化PC控制系统；在线远程诊断系统；液压系统采用比例阀控制。另外还可配备：全自动换模系统；托板扩展功能阳模装置布料装置。

③ 日本虎牌机械有限公司

日本虎牌机械有限公司成立于1950年，在全球很多地方都有分支机构，公司总部现有员工近200人，是研制开发和生产各类混凝土制品设备的专业的国际性的厂家。几十年来，虎牌以一流的技术和高效率的服务，赢得了本土50%以上的市场份额。

1998年，虎牌进军砌块设备的王国——美国，取得了让世界同行惊叹的成绩。1999年虎牌进入中国市场，迄今已有八十多条生产线投产并为用户创造着效益。

图3-53 玛莎大型混凝土砌块成型机L8.1

2002年8月，虎牌公司在中国建立了自己的子公司——虎牌机械（天津）有限公司，位于中国北方最大港口城市——天津，是由外国专业厂家在中国独资建立的混凝土制品机械的制造企业，其主要业务是从事混凝土制品生产设备的生产和销售，为虎牌的中国用户提供备件供应，技术支持和售后服务。2013年，日本虎牌国际控股公司与美泰科集团成立虎牌美泰科机械（天津）有限公司。

虎牌公司为用户提供全套多用途混凝土制品生产线，包括混凝土制品成型机、配料搅拌生产线、托板运送设备、码垛机、劈裂机和其他辅助设备。成型主机的振动方式有模振和台振两种，生产线额定产量规模从5万到30万立方米（标准砌块）不等，可满足不同用户的生产需求。虎牌设备集众多专利和领先技术于一身：

a. 快速旋转扒料器——彻底改变欧美设备的传统布料方式，尤其使粉煤灰布料更加均匀密实和迅速；

b. 彩色夹芯布料系统打造出集承重、装饰和节能保温于一身的世纪之作——“三明治”砌块；

c. 横向拉孔技术——生产高附加值水工砌块和墙体砌块所必备的技术；

d. 快速换模技术——实现了2分钟自动换模，大大提高了虎牌设备的产品出动率。

e. 适应中国国情的自动化配置，即根据用户的需要在原有生产线自动化程度的基础之上进行嫁接，大大降低了建厂初期的投资费用。

图3-54为虎牌公司研发制造的PS-V系列混凝土砌块成型机。PS-V系列成型机汇集国际先进成型技术和虎牌公司40多年的经验，采用日本知名品牌的电气、液压、控制系统，机体采用高强框架结构，使之具备了最佳稳定性和可靠性及耐久性等特征。成型机振动方式为台振，并配备拥有世界领先地位的独特的液压旋转布料设备和独一

无二的垂直夹芯布料系统。生产线额定产量规模为年产 30 万立方米标准砌块或 190 万平方米彩色铺地砖，可以满足用户生产不同种类产品的需要：如可以生产彩色地面砖、挡土墙砖、承重砌块、普通砌块、彩色面劈裂砌块和普通劈裂砌块、草坪砖，以及用于高速公路、铁路、河道坡岸等路坡护理工程的坡堤砖、连锁护土砖、咬接式水工护垫等系列产品。

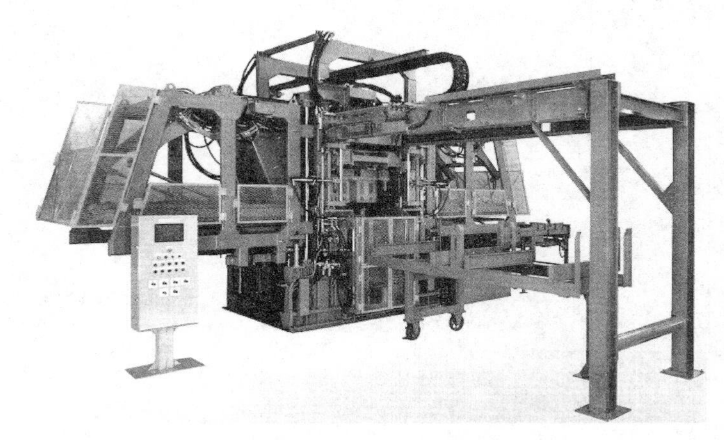

图 3-54　虎牌 PS-V 系列成型机

虎牌的主要生产产品为各类单排孔、多排孔和盲孔砌块、承重砌块、劈裂砌块、各类装饰砌块等墙体砌筑材料；挡土砌块、路沿石、彩色地面砖、重载荷地面砌砖、花坛砖、境界石等地面工程材料；水工砌块、护坡砖等环保工程材料。

虎牌公司的所有混凝土设备均能生产高密度、高强度的产品，具有使用寿命长、运行可靠的优点，并且可以充分利用电厂、钢铁厂的废灰、废渣等做混凝土砌块原材料的特性。从问世以来，一直是砌块领域的佼佼者，并多次获得发明协会颁发的“科技进步奖”。虎牌公司以其产品的创新性、可靠性、灵活性、经济性，不但满足了中国用户的要求，也满足了海外市场的要求。

4　建筑垃圾及工业固废再生砖配合比及试验研究

4.1　建筑垃圾及工业固废再生砖的配比设计

4.1.1　配合比应注意的问题

（1）考虑再生砖的质量。要在保证质量的前提下进行配比设计。特别要注意不能以牺牲质量为代价，降低水泥用量或外加剂用量，或者废弃物的比例过大。其他方面均应服从保证质量第一原则。

（2）保证质量的前提下优化设计，尽量降低再生砖的成本。目前，再生免烧砖与烧结黏土砖的竞争十分激烈，其竞争主要在成本上。所以，再生免烧砖的成本问题在配方设计时应予充分考虑，原则上尽量不要使用价格过高的原材料，外加剂的品种及用量应予控制。对成本影响较大的胶凝材料应尽量降低用量。

（3）为响应国家节能减排政策，建筑垃圾及工业固废的掺量应达到一定比例。建筑垃圾及工业固废再生砖主要是消化和利用建筑垃圾及工业固废，所以废弃物的掺量不能太低。在保证质量的情况下，应采取必要的配比手段，提高废弃物的用量。

（4）所设计的原料应方便易得，保证供应。应利用周边地区的原材料进行配比设计，主要原材料的运距不宜过远，以降低运输费用。外加剂应选用较为普通易得的。如需远购，应考虑供应保障。

（5）充分考虑生产工艺的需要。在进行配比设计时，也应考虑配方对设备和工艺的适应性。配方不是孤立的因素，它受设备工艺的影响是很大的。例如，生产免烧砖的成型机是液压式的，压力大，可以设计使用细物料（如粉煤灰）；但若成型机是振动式的，则不能以细物料为主。再如，生产线配备有轮碾机，配方中设计的废弃物粒度可稍大一些。而如果不配备轮碾机，配方中设计的废弃物粒度应小些。不同的生产工艺及设备，对配方的要求是不相同的，绝不能脱离工艺和设备来进行配比设计[45]。

4.1.2　影响配合比设计的关键技术因素

（1）再生砖成品的强度要求及对配比的影响。再生砖配方设计必须建立在强度设计的基础上，先设计强度后设计配方，而不能先设计配方再去设计强度。在再生砖强度标号设计之后，配合比应围绕这个强度要求来设计。高强度的再生砖，在配比时应加大胶结料及外加剂的用量，并相应降低废弃物用量，并调整用水量等；而强度等级相对较低的再生砖，其胶结料及外加剂可适当减少，也可考虑不使用胶结料。不同的强度应有不同的配比设计。

再生砖成品的强度要求，其最低不得小于 10MPa，一般为 15～20MPa。高强再生砖为 20～30MPa。若强度在 10～15MPa 之间，胶结料及外加剂可以一般性加入；若标号在 15～20MPa 之间，胶结料与外加剂则应多加；强度大于 20MPa 者，胶结料与外加剂可适当增加，但不可增加过大，可通过改善工艺提高强度，以免成本过高；其强度设计以 15MPa 左右为宜。

（2）再生砖砖坯的强度要求及对配比的影响。砖坯在成型后要从成型机上取下，并码放在养护车或养护室内养护，需要经得起搬动并在码放后能承受一定坯垛自重的压力。因此，要求砖坯应具有一定的初始强度。否则，大量砖坯会在搬取与码放时损坏。对砖坯的强度要求应随各种再生砖品种而异。

（3）工业固废品种选择对配比设计的影响。工业固废是再生砖的主要原料。配比设计事实上是服从于工业固废品种的。当地有什么样的工业固废，配比就要围绕这样的工业固废品种来设计。不同的工业固废要有不同的配方，不宜使用相同的配方。例如，当采用钢渣时，可少用或不用水泥；而采用矿尾砂时，在自然养护条件下，就必须在配方中设计水泥胶结料。同属于活性废渣，由于活性不同，其配方也是不同的。例如，当采用矿渣时，由于它活性很高，活化剂用量极少，甚至可以不用。而采用粉煤灰时，由于它的活性较低，一般在自然养护条件下，不使用活化剂是不行的，且还应配合早强剂、分散剂等，水泥也应提高比例。固废千差万别，配方也要千差万别。

（4）建筑垃圾骨料粒径对配比设计的影响。骨料粒径是建筑垃圾的一项重要指标，也是决定再生砖的强度的重要因素。当骨料粒径越大时，骨料间的接触点少，使再生砖的强度下降，此时应适当增加胶凝材料用量以提高强度；当骨料粒径越小时，其骨料的接触点多，使再生砖的强度增大，此时可少用胶凝材料。

（5）生产工艺对配比设计的影响。再生砖的生产工艺可以有很多种，即使采用相同的废弃物，其可能采用的工艺也可以有很多选择。例如利用粉煤灰制备的再生砖可以自然养护，也可以蒸压养护、蒸汽养护、太阳能养护等，这些不同的工艺，对配方的要求也大不相同。例如，蒸压养护、蒸汽养护可少用水泥，自然养护就要多用水泥，外加剂也随之增减。当蒸压养护或蒸汽养护时，还要加入一定量的蒸压剂，以缩短蒸压时间。事实证明，不同的工艺，其配方是相差极大的。在实际生产中，决不能照搬其他工艺的配方，否则，势必出现质量问题。

（6）生产设备对配比设计的影响。前已介绍，生产设备对配方影响极大。不同的生产设备，就需要不同的生产配方来相适应。例如，相同的废弃物，相同的工艺蒸养，其生产设备也是不同的，其砖机可采用八孔转盘，也可采用液压、机械冲压等不同设备。不同的生产设备对配方的要求也不大一样。八孔砖机性能差，水泥及外加剂就要多用，大吨位液压压砖机所制砖密实度高且不分层，水泥及外加剂就可大大减少；自动控制的连续养护室的养护效果好，所以水泥及外加剂可少用，而简易的养护室由于蒸汽分布不均匀，养护效果差，水泥及外加剂就要多用，且所用的外加剂品种也不能相同。由此看来，配方是要适应设备的。准备采用什么样的设备，就要设计什么样的配方。不考虑设备因素，设计配方是不符合生产实际的。

（7）成本因素对配比设计的影响。成本因素虽不是技术性因素，但它对配方设计的影响也是非常大的。要想生产出市场可以接受的再生砖，在配比设计时，就必须注意到生产成本。例如，对外加剂的设计，如成本允许，可以多用几种，且用量可加大。但若成本不允许，则应少用几种，且减少用量。

4.2 利用建筑垃圾制备再生砖试验汇编

本节分别选取了五个利用建筑垃圾以及工业固体废弃物（见 4.3）制备再生砖的经典试验案例，通过国内外学者对固废综合利用的不断深入以及精细化、量化探索，借鉴前人成功经验，希望能为广大利用建筑垃圾和工业固废制砖或制备其他建筑制品的企业和个人提供配比上的帮助。

4.2.1 利用再生骨料制备固废再生砖的试验研究

本小节内容源于北京建筑工程学院陈家珑教授[46]的研究成果。采用再生细骨料、水泥、粉煤灰和矿粉作为制备再生砖的原材料，研究了再生细骨料和配合比对再生砖强度的影响。

（1）再生骨料对再生砖强度的影响

材料及相关成型工艺为：再生细骨料、PO42.5 级水泥、人工搅拌、混合养护，即在标准养护室养护 7d 后移至室外自然养护至 28d。

① 骨料的最大粒径对再生砖强度的影响：如图 4-1 所示，整体变化趋势为再生砖

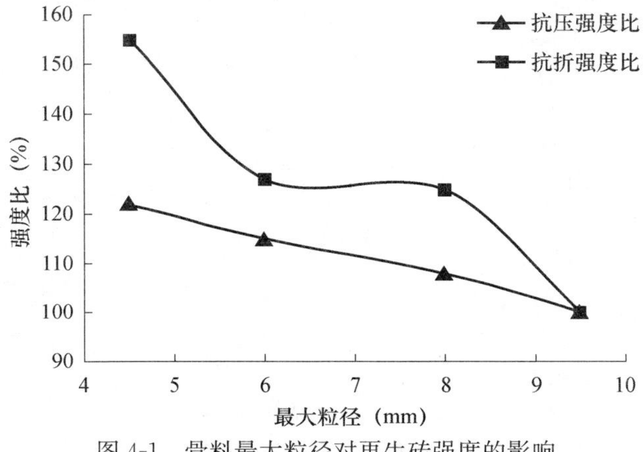

图 4-1　骨料最大粒径对再生砖强度的影响

的强度随骨料最大粒径的增大而降低。当骨料的最大粒径在 4.75～9.5mm 之间变化时，随着最大粒径的增加，再生砖的抗折强度逐渐降低；当骨料最大粒径在 6.0～8.0mm 之间变化时，对再生砖的抗压强度影响不大；但当最大粒径由 8.0mm 增至 9.5mm 或由 6.0mm 减为 4.75mm 时，对抗压强度的影响却相当明显。

② 骨料中细粉含量对再生砖强度的影响：如图 4-2 所示，细粉含量对再生砖抗压强度的影响明显大于对抗折强度的影响。细粉含量由 10%增加到 20%的过程中，再生砖的抗折强度、抗压强度均出现一定程度的下降，在细粉含量 20%到 40%之间抗压强度、抗折强度呈上升趋势，其中，在细粉含量 25%到 30%之间，再生砖的抗压强度呈下降趋势。

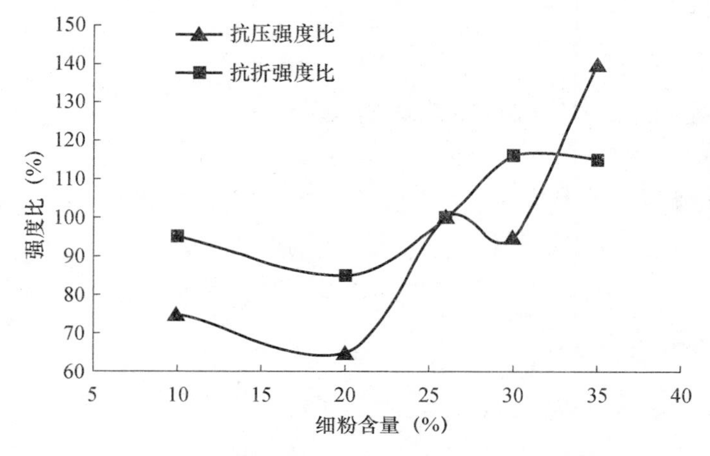

图 4-2　再生骨料的细粉含量对再生砖强度的影响

③ 骨料的初始含水率对再生砖强度的影响：再生骨料破碎后表面粗糙，棱角较多，内部存在大量微裂缝，使再生骨料的孔含量增大，吸水率增大。骨料的吸水率直接影响用水量的大小，甚至水泥的水化程度和再生砖的强度。由图 4-3 可以看出，再生骨料的初始含水率由 4.1%提高到 10.2%的过程中，再生砖的抗压强度以及抗折强度显著增长，变化趋势近似于线性，且对抗压强度和抗折强度的影响程度也基本相当。

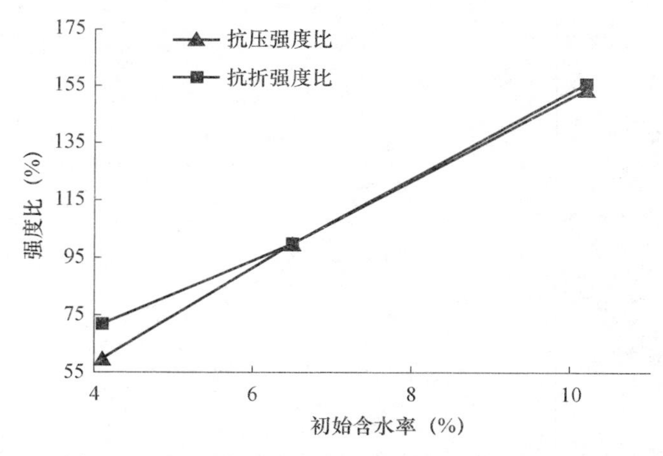

图 4-3　再生骨料的初始含水率对再生砖强度的影响

④ 骨料的种类对再生砖性能的影响：建筑垃圾的来源各不相同，生产出来的再生骨料材料的性能千差万别。使用 1 号再生细骨料、2 号细骨料、3 号再生细骨料研究骨料种类变化对再生砖强度的影响，三种再生细骨料的基本性能如表 4-1 所示。由表 4-1 可知，1 号再生细骨料价各种性能与后两种再生细骨料相差较大；2 号，3 号再生细骨料的初始含水率、泥块含量、表观密度、吸水率和压碎指标值相差较大，而堆积密度、孔隙率、细粉含量相差较小，细度模数则相等。

表 4-1　再生细骨料基本性能对比

骨料	初始含水率（%）	泥块含量（%）	表观密度（g/cm³）	堆积密度（g/cm³）	孔隙率（%）	压碎指标（%）	细粉含量（%）	吸水率（%）	细度模数
1 号	6.7	1.0	2470	1450	41.3	23.6	26	10.5	2.8
2 号	0.1	0.1	2330	1160	49.8	25.8	31	16.9	2.5
3 号	4.1	1.5	2240	1150	48.7	31.4	32	19.6	2.5

三种再生细骨料对再生砖强度的影响如图 4-4 所示。

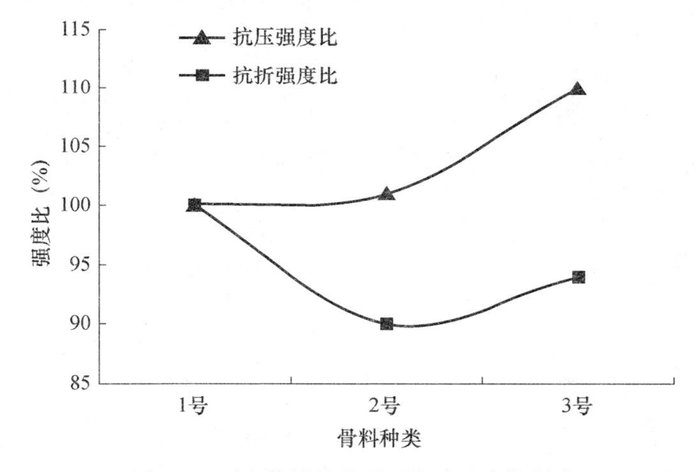

图 4-4　再生骨料种类对再生砖强度的影响

由表 4-1 和图 4-4 可知，骨料的压碎指标表征再生骨料强度的大小，压碎指标值越大，骨料强度越低。当再生骨料的多种性能共同变化时，再生砖的强度变化与单一因素影响有所区别。这不仅体现了再生骨料性能对再生砖影响的复杂性，也反映了实现再生砖质量控制的难度。

（2）配合比对再生砖强度的影响

下面主要研究水灰比、灰骨比、矿物掺和料种类和掺量对再生砖强度的影响。试验过程中，再生细骨料性能、水泥种类和等级、成型工艺、养护制度和检测方法保持不变。材料及相关成型工艺为：再生细骨料、PO42.5 级水泥、人工搅拌、混合养护，即在标准养护室养护 7d 后移至室外自然养护至 28d。

① 水灰比：水灰比是水泥用量与用水量直接的比值，选取不同水灰比进行对比。

水灰比对再生砖强度的影响如图 4-5 所示。由图 4-5 可知，当水灰比在 0.8～1.1 之间变化时，再生砖的抗折强度随水灰比的增加而增大；除水灰比 1.0 时例外，再生砖的抗压强度随水灰比的增加而增大。

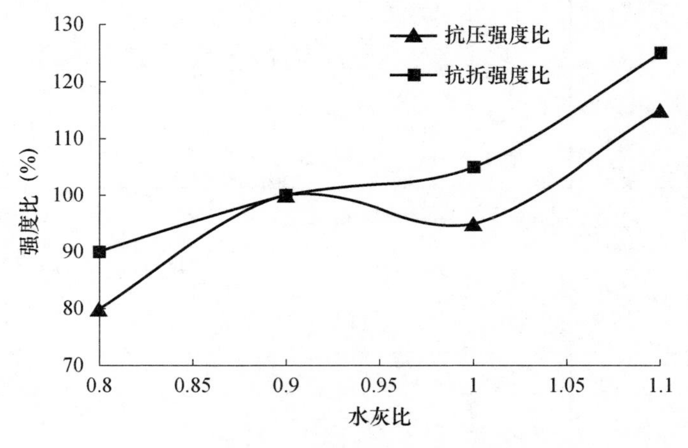

图 4-5　水灰比对再生砖强度的影响

② 灰骨比：灰骨比即为水泥用量与再生细骨料用量之间的比值，表征的是单位体积内水泥用量的大小，灰骨比越大，单位体积内水泥用量越大。选用不同灰骨比进行试验，研究灰骨比对再生砖强度的影响。灰骨比对再生砖强度的影响如图 4-6 所示。由图 4-6可知，随着灰骨比的增加，再生砖的强度比呈下降趋势。

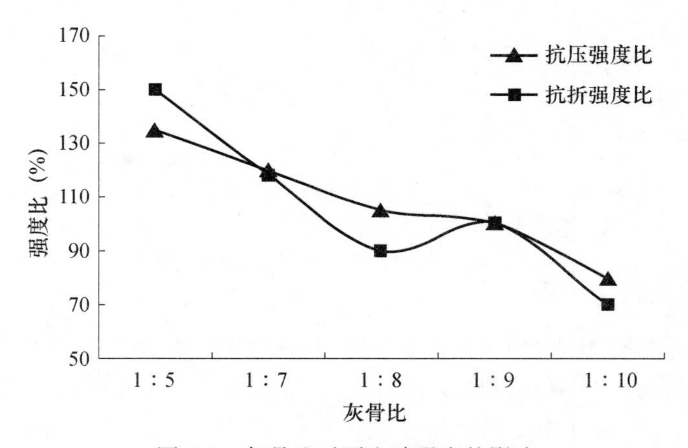

图 4-6　灰骨比对再生砖强度的影响

③ 矿物掺和料种类与掺量：选取Ⅲ级粉煤灰和磨细矿渣两种矿物掺和料，分别以 10％、20％、30％的比例等质量替代水泥进行试验。粉煤灰掺量变化对再生砖强度的影响如图 4-7 所示。由图 4-7 可以看出，再生砖抗压强度和抗折强度随着粉煤灰替代水泥量的增加而明显降低，但变化趋势略有不同，抗折强度与粉煤灰的替代量近似呈线性变化，而抗压强度在粉煤灰替代量为 0％～10％之间变化时，抗压强度变化幅度较小，说明在再生砖的生产过程中可以用少量（<10％）的粉煤灰替代水泥使用。

磨细矿渣掺量变化对再生砖强度的影响如图 4-8 所示。由图 4-8 可以看出，再生砖的强度随着磨细矿渣替代水泥量的增大而增大。

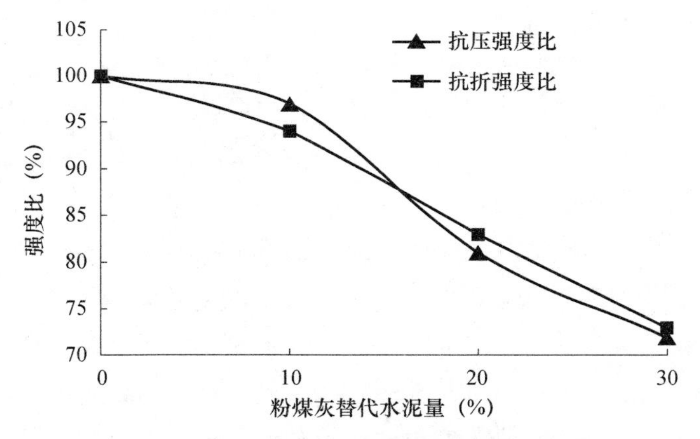

图 4-7　粉煤灰掺量对再生砖强度的影响

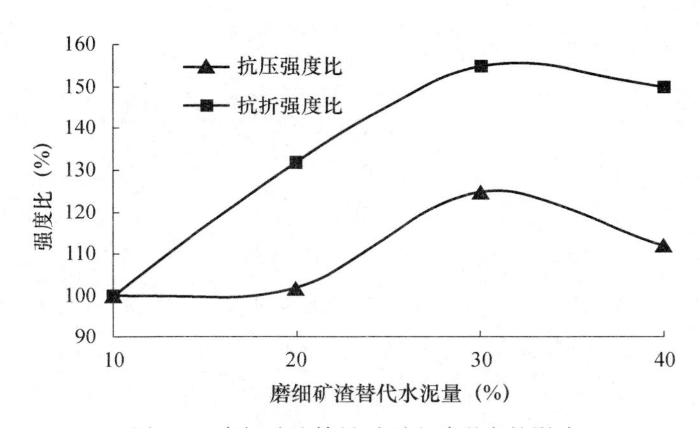

图 4-8　磨细矿渣掺量对再生砖强度的影响

4.2.2　利用再生骨料制备透水砖的试验研究

本小节内容源于昆明理工大学孙岩[47]的研究成果，主要是通过再生骨料制备透水砖，并通过试验来研究透水砖的一些性能，不同的水灰比、骨灰比、骨料粒径，以及混凝土外加剂等对透水砖性能的影响。

（1）试验方案的设计

通过本试验要找到并分析出透水砖的性能与配合比的关系，确定出同时满足透水砖强度和透水系数要求的最优的配合比方案。

本试验主要考虑水灰比、骨灰比以及再生骨料粒径对透水性混凝土路面砖的抗压强度和透水性的影响，试验的配合比采用 3 水平 3 因素的正交试验方法进行。

本试验所用的再生骨料来自于昆明市区建筑拆迁所产生的废弃混凝土，经分选、破碎等工艺加工而成。所用水泥为红狮牌 P. S. A（矿渣硅酸盐水泥）32. 5。

① 水灰比（W/C）的选择

水灰比是影响混凝土性能的主要因素之一。水灰比太小，水泥浆太干，对混凝土拌和物的和易性造成很大的影响，使得骨料表面不能被水泥充分的包裹，进而就会影响到透水砖的成型性；而如果水灰比太大，水泥浆又会太稀，会把透水砖的孔隙堵住，影响了透水砖的透水性，抗压强度也就会降低。根据前期的探索性试验，本试验初步拟定水灰比（W/C）为0.3，0.35，0.4这三个水平。

② 骨灰比（G/C）的选择

骨灰比的大小能够影响到混凝土透水砖的孔隙率，同时还能影响骨料表面包裹水泥浆的薄厚程度。当骨料用量一定时，增大骨灰比（G/C），相应的水泥用量就会减少，骨料表面包裹的水泥浆太薄，虽然会使透水砖的孔隙率有所提高，但会使其强度下降；相反减小骨灰比（G/C），相应的水泥用量就会增大，包裹的水泥浆太厚，透水砖的强度会有所提高，但会使孔隙率降低，影响透水砖的透水性。根据前期的探索性试验，同时考虑到粒径小的骨料的比表面积大，粒径大的比表面积小的因素，本试验初步拟定骨灰比（G/C）为3.0，3.5，4.0这三个水平。

③ 骨料粒径的选择

骨料粒径也是决定透水砖强度和透水性的重要因素。骨料粒径越大，骨料间的接触点少，使透水砖的强度降低；而骨料的粒径越小，骨料间的接触点多，使得透水砖的强度变大，但由于骨料粒径越小，其骨料的表面积就越大，使水泥的用量增多，透水砖的孔隙率就会下降，透水系数降低。因此，本试验综合考虑强度和透水性这两方面的因素，再生骨料的粒径选用为2.36～4.75，4.75～9.5，9.5～13.6这三个水平。

因本试验选用的是3水平3因素的正交试验，所以选用 L_9（3^4）的正交表，如表4-2所示，根据 L_9（3^4）来安排试验方案，如表4-3所示。

表4-2　正交试验表

水平	因素		
	骨灰比（G/C）	水灰比（W/C）	骨料粒径（mm）
1	3.0	0.3	4.75～9.5
2	3.5	0.35	2.36～4.7、4.75～9.5
3	4.0	0.4	4.75～9.5、9.5～13.6

表4-3　正交试验方案

试验编号	因素		
	骨灰比（G/C）	水灰比（W/C）	骨料粒径（mm）
1	3.0	0.3	4.75～9.5
2	3.0	0.35	2.36～4.75、4.75～9.5
3	3.0	0.4	4.75～9.5、9.5～13.6
4	3.5	0.3	2.36～4.75、4.75～9.5

续表

试验编号	因素		
	骨灰比（G/C）	水灰比（W/C）	骨料粒径（mm）
5	3.5	0.35	4.75～9.5、9.5～13.6
6	3.5	0.4	4.75～9.5
7	4.0	0.3	4.75～9.5、9.5～13.6
8	4.0	0.35	4.75～9.5
9	4.0	0.4	2.36～4.75、4.75～9.5

其中2.36～4.75、9.5～13.6的掺加量为20%。

制备透水砖时，首先要把称量好的骨料和水泥放入JQ350型高效立式搅拌机（如图4-9）里进行搅拌，搅拌5分钟均匀后再加入称量好的水，待水、水泥、骨料这三者搅拌均匀后，利用传送带把拌和料送到HY-QT4-25型混凝土砌块成型机（如图4-10）的料斗里，先进行静压成型，之后再振动成型，成型振动时间为18s，两次振动成型。进行振动成型的原因是，由于混合料被送到制砖机模具后靠自身的重力产生的流动性小，尽管进行了静压成型还是会有大的孔隙，孔隙太大就对透水砖的强度有影响。振动可以使混合料产生颤动，能够破坏颗粒之间的黏结力以及机械力，使得骨料之间的内阻力降低，黏结力也就降低。使得颗粒趋于最稳定的位置，水泥浆能够填充骨料间大的孔隙，因此透水砖经过振动后要比原来的堆聚更加地密实，强度也有一定的提高。

图4-9　JQ350型高效立式搅拌机

图4-10　混凝土砌块成型机

待试样在20℃±2℃、相对湿度90%的自然环境下放置24h后进行码垛养护28d后，测试透水砖的抗压强度、透水系数、总孔隙率和连通孔隙率。

（2）试验结果分析

28d后透水砖的抗压强度、透水系数、总孔隙率和连通孔隙率测试结果如表4-4所示。

表 4-4　28d 透水砖试验结果

编号	抗压强度（MPa）	透水系数（mm/s）	总孔隙率（%）	连通孔隙率（%）
1	16.31	5.34	28.42	26.03
2	18.56	4.45	24.38	22.35
3	15.52	7.54	27.71	23.52
4	17.05	3.36	20.88	17.78
5	16.78	6.48	25.80	23.63
6	16.91	7.04	23.47	20.53
7	15.24	6.26	24.05	21.08
8	16.62	5.32	21.92	17.79
9	17.32	3.93	23.87	20.37

由表 4-4 可知，第 2 组试验的抗压强度最大，为 18.56MPa，其透水系数最小，为 4.45mm/s；第 3 组试验的透水系数最大，为 7.54mm/s，其抗压强度最小为 15.52MPa。由此可以看出，透水砖的抗压强度和透水系数是两个相互矛盾的指标，即当透水砖的抗压强度越大，其透水系数就越小；而当透水系数越大，其抗压强度越小。各组的连通孔隙率都满足规定的 15%～25%，只有第 1 组的孔隙率超过规定标准。

同时结合试验结果的极差分析，如表 4-5 所示可以看出，各影响因素的主次顺序为：骨料粒径>水灰比>骨灰比，说明骨料粒径的影响最大，骨灰比的影响最小。而 A2，B2，C2 这三组的抗压强度值最大，相应的水灰比为 0.35，骨灰比为 3.5，骨料粒径为 2.36～4.75 的含量占 20%，其余的为 4.75～9.5 粒径的骨料。

对于透水砖的透水系数而言，结合极差分析表 4-5 可以看出，影响因素的主次顺序为：骨料粒径>骨灰比>水灰比，骨料粒径对透水系数的影响最大，水灰比影响最小。而 A3，B2，C3 这三组的透水系数最大，相应的水灰比为 0.4，骨灰比为 3.5，骨料粒径为 9.5～13.6 的含量占 20%，其余的为 4.75～9.5 粒径的骨料。

表 4-5　试验结果的极差分析

考核指标	因素	K_{1j}	K_{2j}	K_{3j}	$\overline{K_{1j}}$	$\overline{K_{2j}}$	$\overline{K_{3j}}$	极差 R_j
抗压强度（MPa）	水灰比 A	48.60	51.96	49.75	16.20	17.32	16.58	1.12
	骨灰比 B	50.39	50.74	49.18	16.80	16.91	16.39	0.52
	骨料粒径 C	49.84	52.93	48.54	16.61	17.64	16.18	1.46
透水系数（mm/s）	水灰比 A	14.96	16.25	18.51	4.99	5.42	6.17	1.18
	骨灰比 B	16.33	16.88	15.51	5.44	5.63	4.17	1.46
	骨料粒径 C	17.70	11.74	19.34	5.9	3.91	6.45	2.54
连通孔隙率（%）	水灰比 A	64.89	63.77	64.42	21.63	21.26	21.47	0.47
	骨灰比 B	71.90	61.94	59.24	23.97	20.65	19.75	4.22
	骨料粒径 C	64.35	60.50	68.23	21.45	20.17	22.74	2.57

续表

考核指标	因素	K_{1j}	K_{2j}	K_{3j}	$\overline{K_{1j}}$	$\overline{K_{2j}}$	$\overline{K_{3j}}$	极差 R_j
总孔隙率（%）	水灰比 A	73.35	63.77	75.05	24.45	21.26	25.02	3.76
	骨灰比 B	80.51	70.15	69.84	26.84	23.38	23.28	3.56
	骨料粒径 C	73.81	69.13	77.56	24.60	23.04	25.85	2.71

综合分析来看，由于路面透水砖的抗压强度是最主要的影响因素，具有一定抗压强度的透水砖，只需满足一定的透水率即可，因此本试验最优的配合比是 A2B2C2，相对应的水灰比、骨灰比、骨料粒径分别为 0.35，3.5，2.36～4.75 的骨料粒径含量占 20%，其余为 4.75～9.5 粒径的骨料。

4.2.3　利用废砖粉制备再生砖的试验研究

本小节内容源于广东工业大学李炜[48]的研究成果。主要是利用废砖粉取代粉煤灰，参考免蒸免烧粉煤灰砖制备工艺生产免蒸免烧压制砖。通过试验，找到合理的生产工艺和活性激发方案。此试验中，废砖粉不作为骨料使用，而是作为一种活性胶凝材料来使用。

（1）原材料及成型

① 原材料

本次研究制备的压制再生砖尺寸为长 240mm，宽 115mm，厚 53mm。制备原材料由 80 微米筛余率 1.2%的废砖粉、生石灰、最大粒径为 2.36mm 的砂石骨料、石膏、FDN-A 型减水剂和 NaOH 等材料组成。成型方法采用静压成型。

② 成型压力与用水量的选取

用废砖粉制备压制砖时，因为初期强度和成型效果主要受成型压力影响，因此压力选取尤为重要。成型压力若取小了，由于常温下水化反应慢，较小的机械力下砖制品难以成型，而且会导致产品强度很低；成型压力若取大了，制砖时用水量难以选取，会出现较少用水量的同时仍然有液化的现象，大量有效水会被排出，对强度发展和材料的水化反应进程不利。用水量同样对成型效果有着显著的影响。用水量若小了，拌和时趋于干粉状，搅拌不够充分，再大的成型压力也难以成型，同时成型能耗太大；用水量若大了，虽然拌和起来容易，但是很快就容易发生结块现象，而且成型时，不能选取合理的压力，在较小的压力下拌和料就被排挤出试模，制备出来的产品强度也很低，经过多次试验，最终选定成型压力为 20MPa，即 560kN 左右，用水量为 14%～18%。

③ 压制砖配合比

选用 4 因素 3 水平正交方案进行配比试验，四个因素分别为砖粉、生石灰、外加剂掺量和用水量，其中用水量以水的质量与固体混合料总质量的比值来表示。根据表 4-6 所列因素水平设计配合比方案。外加剂是 FDN－A 减水剂与 NaOH 的固体混合物，外加剂掺量的三个水平分别以 A、B、C 表示，A 代表 0.5%FDN-A 减水剂+0.4% NaOH，B 代表 1.25%FDN-A 减水剂+0.6%NaOH，C 代表 2.0%FDN-A 减水剂+0.8%NaOH。每组试验所加石膏按 2%定量称取，骨料的百分比按固体混合料总量减去其余固体用料所得，制作每块砖时称取的固体混合料总质量为 3kg。压制砖配合比方案见表 4-7。

表 4-6　正交试验因素水平表

水平因素	砖粉	生石灰	外加剂	用水量
1	60%	8%	A	16%
2	65%	12%	B	18%
3	70%	16%	C	14%

表 4-7　压制砖配合比

配比编号	固体混合料					用水量
	砖粉	生石灰	外加剂	石膏	骨料	
1	60%	8%	A	2%	29.10%	16%
2	60%	12%	B	2%	24.15%	18%
3	60%	16%	C	2%	19.20%	14%
4	65%	8%	B	2%	23.15%	14%
5	65%	12%	C	2%	18.20%	16%
6	65%	16%	A	2%	16.10%	18%
7	70%	8%	C	2%	17.20%	18%
8	70%	12%	A	2%	15.10%	14%
9	70%	16%	B	2%	10.15%	16%

（2）制备工艺与养护

试验中，分别称取原材料，其中外加剂称量后先行倒入称取好的水中进行溶解，将称取好的固体料混合后充分搅拌至均匀，采用人工搅拌。搅拌过程中，分多次均匀加水并保持拌和及轻碾，保证搅拌后物料松散、不结块。

成型采用一次成型工艺进行，装料前安装好试模，由于成型压力大，拆模时避免砖料会被试模摩擦力破坏，将试模内部涂刷矿物油，然后把搅拌好的混合料装入试模并适当人力挤压捣实，用抹刀抚平上表面。最后盖上压板，静压成型，加载速度为 10kN/s，成型压力为 20MPa，静压时达到成型压力保持 5s 后即开始回油减压。

成型后立即进行拆模，然后在养护箱中标准养护 28d。养护的贡献在于提供合理的环境以保证混合料内部凝聚与硬化，使压制砖能获得所需要的物理力学性质和耐久性，由于主要原料废砖粉需水量较大，静压成型砖成型时用水量较少，水分一旦挥发过快会限制活性成分的水化反应，导致内部凝聚力缺失，进而出现干裂现象，因此该试验选择在湿度为 95%，温度 20℃条件下的标准养护箱中养护。

（3）压制砖试验结果与分析

① 抗折抗压强度试验结果

利用固废中的废砖粉所制备的压制砖抗折抗压试验结果如表 4-8 所示。

表 4-8　各配合比下砖的抗折抗压强度

配比编号	1	2	3	4	5	6	7	8	9
抗折强度（MPa）	4.18	2.01	3.77	4.28	6.36	3.36	2.26	2.83	4.94
抗压强度（MPa）	16.99	15.54	20.67	21.03	34.98	17.89	12.50	16.53	29.85

② 正交试验结果极差分析

利用固废中的废砖粉所制备的压制砖抗折抗压强度极差分析结果如表 4-9 所示。

表 4-9　极差分析表

编号		砖粉	生石灰	外加剂	用水量	f_f（MPa）	R_P（MPa）
1		60%	8%	A	16%	4.18	16.99
2		60%	12%	B	18%	2.01	15.54
3		60%	16%	C	14%	3.77	20.67
4		65%	8%	B	14%	4.28	21.03
5		65%	12%	C	16%	6.36	34.98
6		65%	16%	A	18%	3.36	17.89
7		70%	8%	C	18%	2.26	12.5
8		70%	12%	A	14%	2.83	16.53
9		70%	16%	B	16%	4.94	29.85
f_f	K_{1j}	9.96	10.72	10.37	15.48	T_f=33.99	—
	K_{2j}	14	11.2	11.23	7.63		—
	K_{3j}	10.03	12.07	12.39	10.88		—
极差	R	1.35	0.45	0.67	2.62		—
R_P	K_{1j}	53.2	50.52	51.41	81.82	—	T_R=185.98
	K_{2j}	73.9	67.05	66.42	45.93	—	
	K_{3j}	58.88	68.41	68.15	58.23	—	
极差	R	6.90	5.96	5.58	11.96	—	

比较表 4-9 中各因素的极差大小，可知对压制砖抗折强度影响主次顺序为：用水量＞砖粉＞外加剂＞生石灰。对压制砖抗压强度影响主次顺序为：用水量＞砖粉＞生石灰＞外加剂。

③ 各因素与强度之间效应分析

联系各配比具体情况，见表 4-7，综合各因素（砖粉、生石灰、外加剂、用水量）在各水平掺量条件下力学性能的平均值，并用散点折线图表示，即得到各因素与强度之间的效应曲线关系图，如图 4-11 和图 4-12。

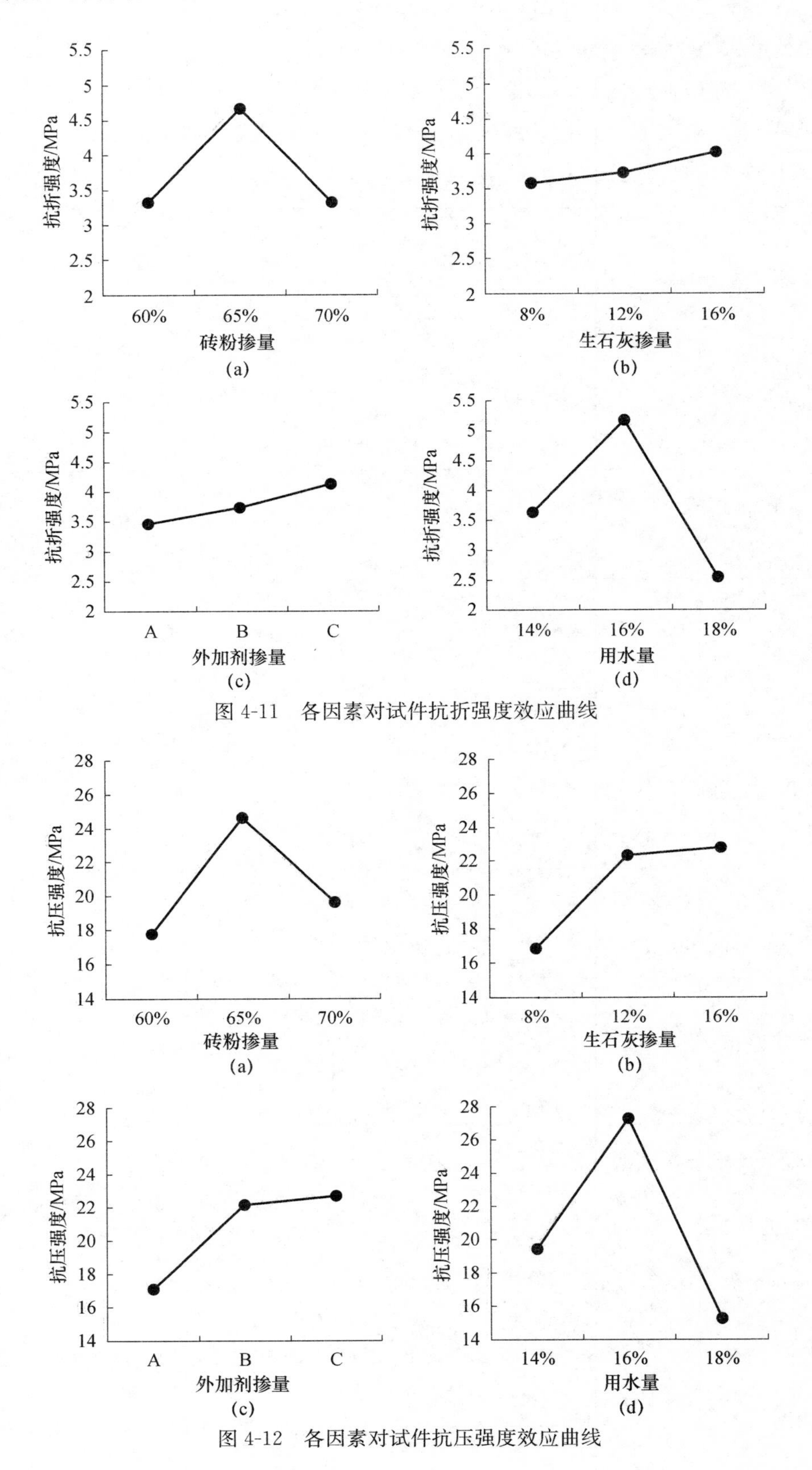

图 4-11　各因素对试件抗折强度效应曲线

图 4-12　各因素对试件抗压强度效应曲线

从图 4-11（a）中可以看出，砖粉用量占固体用料 60%时，抗折强度最低，砖粉掺量 65%时抗折强度最高，而砖粉掺量提高至 70%时，抗折强度略有降低，即各水平下抗折强度：砖粉掺量 65%>砖粉掺量 70%>砖粉掺量 60%。从图 4-11（b）、（c）、（d）中可以看出，每个因素在各水平的抗折强度平均值大小情况：生石灰掺量 16%>生石灰掺量 12%>生石灰掺量 8%，外加剂 C>外加剂 B>外加剂 A，用水量 16%>用水量 14%>用水量 18%。根据图 4-12，抗压强度与抗折强度变化趋势基本一致，各水平下抗压强度平均值大小情况也是：砖粉掺量 65%>砖粉掺量 70%>砖粉掺量 60%，生石灰掺量 16%>生石灰掺量 12%>生石灰掺量 8%，外加剂 C>外加剂 B>外加剂 A，用水量 16%>用水量 14%>用水量 18%。

随着生石灰掺量的增加，抗折、抗压强度均在提升。生石灰在体系中贡献十分显著，由于本次试验所用的砖粉不含 Ca 元素，因此生石灰不仅在水化反应中补充了硬化结晶所需的钙，起到明显的增钙效果，同时提供了反应的碱性环境。从而生成 C-S-H 凝胶。水化硅酸钙、水化铝酸钙等一系列水化产物，进而硬化后产生强度。这一过程从反应式中可以清晰看出。反应式如下：

$$mCa(OH)_2 + SiO_2 + (n-1)H_2O \longrightarrow mCaO \cdot SiO_2 \cdot nH_2O \tag{4.1}$$

$$mCa(OH)_2 + Al_2O_3 + (n-1)H_2O \longrightarrow mCaO \cdot Al_2O_3 \cdot nH_2O \tag{4.2}$$

$$Fe_2O_3 + 2Ca(OH)_2 \longrightarrow CaO \cdot Fe_2O_3 \cdot H_2O \tag{4.3}$$

外加剂用量分别是 A（0.5%FDN-A 减水剂+0.4%NaOH），B（1.25%FDN-A 减水剂+0.6%NaOH），C（2%FDN-A 减水剂+0.8%NaOH）三个水平，随着 FDN-A 减水剂与 NaOH 掺量增加，抗折、抗压强度增长较为明显，选用 2%FDN-A 减水剂+0.8%NaOH 时效果最好。减水剂不具有激发效果，在这里的主要贡献是以表面活性剂形式参与的，它吸附在砖粉颗粒上显示电性能，颗粒相互之间带电相斥，使砖粉颗粒分散而释放出颗粒间包裹的水分，具有减水和增强作用。NaOH 是以激发剂形式参与作用的，适当范围内增加 NaOH 掺量，能增加液相中游离的 OH^-，使 pH 值降低，在强碱的作用下，砖粉结晶体聚合度降低，达到结构解体条件，产生更多的活性 Al_2O_3 与 SiO_2。

用水量的大小对抗折、抗压强度影响甚大，用水量在 16%时效果最好。水是 CaO-SiO_2-Al_2O_3-H_2O 体系发生水热反应的必要成分，硅铝酸盐反应是放水脱水的过程，反应以水作为媒介，石灰的消解也需要消耗水。用水量不宜过多，否则会降低碱的浓度，抑制水化反应速度，而且成型时水分过多，成型压力一旦选定，压型时混合料大部分被排挤出试模，会大大降低产品质量。用水量过低，不利于水热反应配合物的分散与迁移，而且无法保证体系内水分的均匀性，从而不利于聚合反应及聚合产物的均匀度，在极大程度上不利于材料的强度发展。

力学性能最好的一组是第 5 组，该组固体混合料成分为：65%砖粉+12%生石灰+2%FDN-A 减水剂+0.8%NaOH+2%石膏+18.2%骨料，用水量占固体混合料比例为 16%。该组抗压强度到 34.98MPa，抗折强度达到 6.36MPa，力学性能良好。按照相应测试方法对第5组压制砖的吸水率、体积密度进行测试，取其平均值。其中吸水率为13.4%，体积密度为1980kg/m^3。

4.3 利用工业固废制备再生砖试验汇编

4.3.1 利用硅灰和铁尾矿粉复掺制备水泥基透水砖

本小节内容来自于白城师范学院刘朋[49]等人的研究结果。透水砖作为海绵城市透水性铺装材料，在实际工程应用时经常出现由于其强度和透水性不足导致工程质量问题，造成很大的经济损失。为此，本小节在前期试验成果的基础上，研究硅灰和铁尾矿粉两种改性材料采用单掺和复掺的形式对透水砖强度和透水性的影响，以得到透水性好、强度高的透水砖。

（1）原材料性能与试验方法

① 水泥

试验采用P.O42.5水泥，水泥性能指标见表4-10。

表4-10 水泥的性能指标

比表面积（cm^2/g）	凝结时间（min）		抗压强度（MPa）		抗折强度（MPa）	
	初凝	终凝	3d	28d	3d	28d
5884	229	310	27.1	45.2	5.4	8.4

② 骨料

将石灰石碎石经过淘洗、烘干、筛分直至满足使用要求。试验中所采用的骨料中粒径为2.36～4.75mm和4.75～9.5mm的比例分别占骨料总量的10%和90%。

③ 粉煤灰

试验中所用的粉煤灰为F类Ⅱ级粉煤灰，并将原状粉煤灰用转速300r/min的行星式研磨机研磨10min。

④ 硅灰

试验中所用硅灰的化学成分和物理性能见表4-11。

表4-11 硅灰的化学成分和物理性能

化学成分（%）							物理性能	
SiO_2	Al_2O_3	Fe_2O_3	MgO	CaO	SiO_3	其他	烧失量（%）	比表面积（m^2/g）
90.24	1.04	2.06	0.56	0.90	0.25	4.95	0.51	18.461

⑤ 铁尾矿粉

试验中用的铁尾矿的主要化学成分见表4-12，经过分析前期的试验结果，将原状铁尾矿用水泥球磨机机械粉磨2h，得到的铁尾矿粉的火山灰性合格且最高。

表 4-12 原状铁尾矿的化学成分

化学成分	SiO_2	Al_2O_3	MgO	CaO	Fe_2O_3	SiO_3	其他
含量（%）	64.26	5.21	1.86	7.87	12.07	1.24	7.49

⑥ 减水剂

试验中所用的减水剂为粉状聚羧酸类高效减水剂，减水率在25%以上。

⑦ 试验方法

透水砖的试验方法按照《透水路面砖和透水路面板》（GB/T 25993—2010）和《透水砖》（JC/T945—2005）标准执行。

（2）透水砖的制备和养护

本试验所制备的透水砖的尺寸为长度200mm，宽度100mm，高度60mm。采用二次投料法和裹石工艺进行机械搅拌，用振动台振捣成型。

透水砖在成型后其表面立即用塑料薄膜覆盖，然后在（20±5)℃的自然条件下养护24h后，编号脱模，最后将透水砖放入温度（20±2)℃、相对湿度95%以上的标准养护箱中养护到28d龄期。

（3）试验结果与讨论

① 单掺硅灰对透水砖强度和透水性的影响

试验中集胶比为2.1，粉煤灰掺量为胶凝材料总量的20%，减水剂掺量为胶凝材料总量的0.2%，硅灰掺量分别取为0%、4%、8%、10%，研究单掺硅灰对透水砖强度和透水性的影响，试验结果见表4-13。

表 4-13 硅灰掺量对透水砖强度和透水性的影响

编号	硅灰掺量（%）	28d抗压强度（MPa）	28d抗折强度（MPa）	透水系数（mm/s）
A1	0	28.2	2.9	5.90
A2	4	36.1	4.2	5.06
A3	8	35.6	4.0	5.62
A4	10	32.6	3.8	5.79

从表4-13可见，随着硅灰掺量的增大，透水砖的坑压强度和抗折强度均呈现先增大后减小的趋势；而其透水系数刚好相反，呈现先减小后增大的趋势，但是变化幅度不大。透水砖的抗压强度和抗折强度在硅灰掺量为4%时最大，而此时透水系数最小，但其透水性也能满足实际使用要求。编号A1、A2、A3、A4的水胶比分别为0.236、0.240、0.269、0.291。可见，硅灰掺量为4%的透水砖的水胶比和不掺加硅灰的相比略有提高，仅仅高出不掺加硅灰的透水砖的1.7%。而当其掺量超过4%时，水胶比增加较快，硅灰对水泥石和骨料之间界面过渡层的改善效果变差，透水砖的强度有所下降。而硅灰掺量的变化对透水砖的透水性影响不大，原因在于硅灰对透水砖的增强改性作用，使得透水砖的水泥石和骨料之间界面过渡层和水泥石浆体的凝胶孔和毛细孔数量减少，而这两种孔隙对透水砖透水性的影响与大孔相比是微乎其微的。

② 单掺铁尾矿粉对透水砖强度和透水性的影响

试验中集胶比为2.1，粉煤灰掺量为胶凝材料总量的20%，减水剂掺量为胶凝材料总量的0.2%，铁尾矿粉以外掺的形式掺入到透水砖中，铁尾矿粉掺量分别取为0%、5%、10%、15%，研究单掺铁尾矿粉对透水砖强度和透水性的影响，试验结果如表4-14所示。

表4-14 铁尾矿粉掺量对透水砖强度和透水性的影响

铁尾矿粉掺量（%）	28d抗压强度（MPa）	28d抗折强度（MPa）	透水系数（mm/s）
0	28.2	2.9	5.90
5	30.8	3.1	5.06
10	32.9	3.5	2.81
15	35.0	4.1	1.86

由表4-14可知，随着铁尾矿粉掺量的增加，透水砖的抗压强度和抗折强度均逐渐增大，而其透水系数逐渐减小。当透水砖中铁尾矿粉掺量超过5%时，透水系数急剧下降。特别值得注意的是，试验中所有掺加铁尾矿粉的透水砖的抗压强度等级均已经达到了国家标准中Cc30等级的要求（即透水砖的平均抗压强度≥30MPa，单块抗压强度>25MPa）。

③ 硅灰和铁尾矿粉复掺对透水砖强度和透水性的影响

在上述（3）② 单掺铁尾矿粉其余配合比参数不变基础上，硅灰取最佳掺量4%，铁尾矿粉仍然以外掺的形式掺入到透水砖中，且其掺量分别取为5%，10%，15%，研究硅灰和铁尾矿粉复掺对透水砖强度和透水性的影响，试验结果如表4-15所示。

表4-15 硅灰和铁尾矿粉复掺对透水砖强度和透水性的影响

硅灰掺量（%）	铁尾矿粉掺量（%）	28d抗压强度（MPa）	28d抗折强度（MPa）	透水系数（mm/s）
4	5	36.8	4.5	4.86
4	10	37.9	4.6	2.74
4	15	39.0	4.9	1.46

对比表4-13、表4-14和表4-15中的试验数据可知，从强度角度考虑，透水砖中硅灰和铁尾矿粉两种改性材料适量复掺比单掺一种改性材料的抗压强度和抗折强度都高，但是透水性却呈现相反的趋势。

一方面，透水砖拌和物中复掺硅灰和铁尾矿粉后，由于硅灰和磨细的铁尾矿粉均具有火山灰活性，所以其活性成分会与水泥水化产物中的$Ca(OH)_2$反应，生成了以硅酸钙、铝酸钙及铁铝酸钙为主要成分的新水化矿物，形成了新的多元胶凝材料体系，进一步增强了胶凝材料的胶结性能，并且消耗了$Ca(OH)_2$，改善了水泥石和骨料的界面过渡层。另一方面，硅灰和磨细的铁尾矿粉中未参与水化反应的组分会填充水泥颗粒之间的空隙，使水泥石结构更加致密。但是，硅灰和铁尾矿粉复掺也使得包裹在骨料表面的浆体厚度增大，导致透水砖的透水性下降。

（4）结论

① 随着硅灰掺量的增大，透水砖的抗压强度和抗折强度均呈现先增大后减小的趋

势，而其透水系数刚好相反。硅灰掺量为4%时透水砖的抗压强度和抗折强度最大，而此时透水系数最小，但其透水性也能满足实际使用要求。

② 随着铁尾矿粉掺量的增加，透水砖的抗压强度和抗折强度逐渐增大，而透水系数却逐渐减小。

③ 透水砖中硅灰和铁尾矿粉两种改性材料适量复掺比单掺一种改性材料的抗压强度和抗折强度都高，但是透水性却呈现相反的趋势。

4.3.2 利用矿渣微粉制备再生砖的试验研究

本小节内容来自于山东省建设发展研究院的孙鲁军[50]的研究结果，利用水泥、矿渣微粉、激发剂、骨料等原材料制备再生砖。确定了矿渣微粉的最佳掺量为30%。使用复配激发剂对矿渣微粉的活性进行激发，当复配组分含量为1.5%CaO，1.5%NaOH和2%石膏时，强度最为理想，此时试样的3d和28d抗折、抗压强度依次为2.64MPa，24.24MPa，7.79MPa，60.52MPa，较空白试样相应提升了36.1%、22%、20.4%、12%，并对其进行了机理分析。

(1) 试验原料与方法

① 试验原料

本试验采用山东省山水水泥厂生产的42.5R普通硅酸盐水泥，其化学组成见表4-16。

表4-16 水泥的主要化学成分（%）

成分	Na_2O	SiO_2	Al_2O_3	CaO	MgO	SO_2	Fe_2O_3	K_2O	Loss
含量（%）	0.07	22.70	4.72	64.00	0.88	2.54	3.32	0.58	0.92

矿渣微粉含有较多玻璃态构造组分，具有一定的胶凝和微晶核作用。将其加入水泥制品中，可以降低产品成本。本试验所用矿渣微粉来自山东某钢铁厂的水淬高炉矿渣，其化学组成见表4-17。

表4-17 矿渣的化学组成（%）

成分	Na_2O	SiO_2	Al_2O_3	CaO	MgO	SO_3	Fe_2O_3	K_2O	TiO_2	MnO	Loss
含量（%）	1.20	31.46	14.83	36.41	10.73	2.52	0.48	0.49	1.33	0.30	0.25

② 试验方法

试验以水泥和矿渣微粉为胶凝材料，加入最大粒径为2.36mm的砂石骨料。制备再生砖。通过改变矿渣微粉的掺量，探究其对样品性能的影响，以确定最佳掺量；在此基础上，加入CaO、Na_2CO_3、NaOH、脱硫石膏四种激发剂，分别探究其影响，将其复配得到矿渣复配激发剂的理想组分含量配比。

(2) 结果与讨论

① 矿渣微粉最佳掺量的确定

矿渣微粉是由在高温熔炉中的矿渣经烘干、粉磨至适当细度形成的粉体，具有一定的胶凝和微晶核作用，将其加入水泥制品中，可以降低水泥的掺量。矿渣微粉掺加的多少直接影响再生砖的力学性能。本试验研究并确定矿渣微粉在再生砖中的最佳掺量，试验各原料配比及最终结果见表 4-18。

表 4-18　矿渣的最佳掺量及结果

试样	水泥（g）	矿渣微粉（g）	水（g）	3d 抗折强度（MPa）	3d 抗压强度（MPa）	28d 抗折强度（MPa）	28d 抗压强度（MPa）
1	400	0	140	2. 51	24. 12	6. 23	62. 34
2	360	40	140	2. 23	19. 56	5. 94	53. 72
3	320	80	140	2. 07	18. 43	6. 01	52. 57
4	280	120	140	1. 94	19. 87	6. 47	54. 01
5	240	160	140	1. 27	19. 01	6. 31	52. 78
6	200	200	140	1. 13	18. 54	6. 25	47. 42

根据表 4-18 中的 3d 和 28d 抗折强度与抗压强度数据，分别做出了水泥基制品的 3d 和 28d 抗折强度及抗压强度随不同矿渣取代量的变化曲线，如图 4-13 和图 4-14 所示。

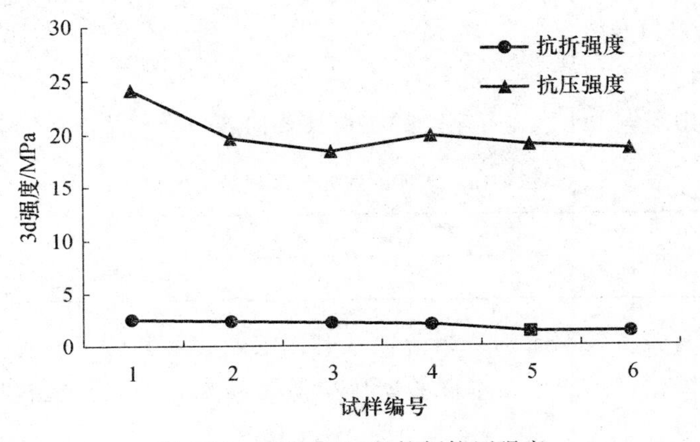

图 4-13　试样在 3d 的抗折抗压强度

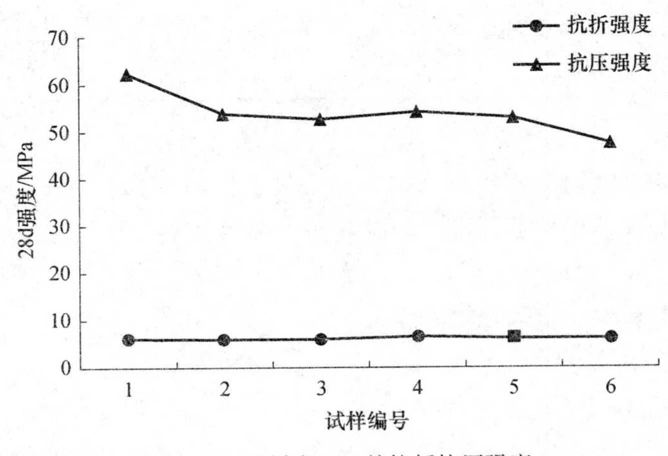

图 4-14　试样在 28d 的抗折抗压强度

从图 4-13 可以看出随着矿渣微粉掺量的增加，试样的 3d 抗折、抗压强度均呈现出下降趋势。当矿渣掺量为 30%时，试样的抗折强度下降趋势有所减缓，抗压强度有所提高，此时试样 3d 的抗折、抗压强度分别为 1.94MPa、19.87MPa。由图 4-14 可以看出矿渣掺量未达到 30%之前，试样的 28d 抗折、抗压强度呈现降低的趋势；当矿渣掺量达到 30%时，试样的抗折、抗压强度均呈现增加的趋势，此时抗折、抗压强度分别为 6.47MPa 和 54.01MPa；当矿渣掺量超过 30%时，试样的 28d 抗折、抗压强度又呈现降低的趋势。综合考虑试样的 3d 和 28d 抗折、抗压强度，确定矿渣微粉的最佳掺量为 30%，此时试样的 3d 和 28d 抗折、抗压强度分别为 1.94MPa、19.87MPa、6.47MPa 和 54.01MPa，较空白试样分别降低了 22.7%、17.6%、−3.8%、13.4%。

对比试样的 3d 和 28d 抗折、抗压强度可以看出，矿渣微粉的掺加对试样的早期强度影响较大，对后期强度的影响较小。造成这种现象的原因跟矿渣本身的特性有关，在胶凝材料的早期水化阶段，随着矿渣微粉的掺量不断增加，降低了试样中水泥熟料的含量，并且水泥熟料水化初期生成的 Ca(OH) 量少，不足以激发矿渣活性，因而试样随着矿渣掺量的增加呈现出强度值逐渐降低的趋势。而在胶凝材料的水化后期阶段，水泥熟料水化基本完成，生成了较多 $Ca(OH)_2$，水化后生成的 $Ca(OH)_2$ 能够激发矿渣的活性，矿渣发生水化，弥补了因矿渣的掺加而导致水泥熟料减少而引起的强度降低，提高了试样后期的强度。

② 矿渣潜在胶凝活性激发的试验研究

矿渣除部分形成具有稳定结构的静态物质外，绝大部分形成具有潜在水硬活性的硅酸盐玻璃体，而位于矿渣表面的玻璃体保护膜会影响矿渣水化的速度和程度，因此矿渣活性激发的效果及难易程度与非晶态物质数量、内部构造和化学键的稳固性有关。将矿渣微粉掺加到水泥基复合材料中，通过对矿渣进行活性激发，既可以改善试样的短长期力学性能，又有利于资源综合利用和环境保护。

目前，矿渣微粉活性激发采取的方式主要为物理机械粉磨活性激发和化学激发剂活性激发两种。本试验采用化学激发剂来激发矿渣的活性，在确定矿渣取代量为 30%、水灰比为 0.39 的前提下，通过单掺和复掺激发剂对矿渣进行活性激发。常用的矿渣激发剂有碱性激发剂、酸性激发剂、无机盐激发剂三类。本试验选取 CaO、Na_2CO_3、NaOH、脱硫石膏为激发剂，研究矿渣微粉活性激发，其试验配比及结果见表 4-19。

从表 4-19 可以看出，A 组为掺加 CaO 的试验，随着 CaO 掺量的增加，试样的 3d 和 28d 的抗折、抗压强度均呈现出增加的趋势。当 CaO 掺量达到 3%时，试样的抗折、抗压强度最大，此时试样的 3d 和 28d 抗折、抗压强度分别为 2.60MPa、22.52MPa、6.57MPa、56.93MPa，较空白试样分别提高了 34%、13.3%、1.5%、5.4%，确定 CaO 的最佳掺量为 3%。B 组为掺加 Na_2CO_3 的试验，随着 Na_2CO_3 掺量的增加，试样的 3d 和 28d 的抗折、抗压强度均呈现降低的趋势，说明 Na_2CO_3 对矿渣微粉没有激发作用，反而影响试样强度。所以 Na_2CO_3 不适合当矿渣微粉激发剂。C 组为掺加 NaOH 的试验，随着 NaOH 掺量的增加，试样的 3d 抗折、抗压强度相比空白试样呈现降低的趋势，当 NaOH 掺量为 1.5％时，试样的强度损失最小。试样的 28d 的抗折、抗压强度随 NaOH 掺量的增加呈现出先增加后降低的趋势，当 NaOH 掺量为 1.5％时，试样的 28d 抗折、抗压强度最大，此时试样的 28d 抗折、抗压强度分别为 8.23MPa、58.79MPa，较空白试样分别提高了 27.2％、8.9％，确定 NaOH 的最佳掺量为 1.5％。D 组为掺加石膏的试样，随着石膏掺量的增加，试样的 3d 和 28d 的抗折、抗压强度均呈现出先增加后降低的趋势，当石膏掺量为 4％时，试样的 3d 和 28d 抗折抗压强度最大，此时试样的 3d 和 28d 抗折抗压强度分别为 2.11MPa、21.79MPa、7.03MPa、56.49MPa，较空白试样分别提高了 8.8％、9.7％、8.7％和 4.6％，确定石膏的最佳掺量为 4％。

表 4-19　矿渣潜在胶凝活性激发的试验研究

试验编号	激发剂掺量占胶凝材料的总质量（％）				3d 力学强度（MPa）		28d 力学强度（MPa）	
	CaO	Na_2CO_3	NaOH	石膏	抗折	抗压	抗折	抗压
空白	0	0	0	0	1.94	19.87	6.47	54.01
A1	1	0	0	0	2.19	20.91	6.51	54.72
A2	2	0	0	0	2.58	22.46	6.63	56.89
A3	3	0	0	0	2.60	22.52	6.57	56.93
B1	0	0.5	0	0	1.87	18.16	6.21	50.78
B2	0	1.0	0	0	1.65	17.54	5.98	49.85
B3	0	1.5	0	0	1.57	17.01	5.73	48.67
C1	0	0	1.0	0	1.89	19.94	7.96	56.21
C2	0	0	1.5	0	1.93	20.01	8.23	58.79
C3	0	0	2.0	0	1.87	19.92	8.17	58.43
D1	0	0	0	2	2.04	21.33	6.84	56.13
D2	0	0	0	4	2.11	21.79	7.03	56.49
D3	0	0	0	6	2.07	21.42	6.97	54.76

综合分析表 4-19 中数据可以看出，将单掺激发剂试样的 3d 强度按照其提升效用来排序，其提升效果从大到小依次为：CaO、NaOH、石膏、Na_2CO_3；而对于试样的 28d 强度按照其提升效果排序，其增强效果从大到小依次为 NaOH、石膏、CaO、Na_2CO_3。基于以上分析可知，CaO 对矿渣微粉的 3d 力学性能提升最为显著，对后期强度提升有限；经 NaOH 激发的试样后期力学强度最为理想，而其早期强度则相对较差。

③ 复配激发剂的试验研究

综合评估试验所用四种激发剂对试样的 3d 和 28d 力学性能的增强效果，将 CaO、NaOH 和石膏三种激发剂进行复配，探究复配激发剂对矿渣潜在水硬活性的激发提升程度，探究自制矿渣复配激发剂的理想组分含量比例。设计试验及结果如表 4-20 所示。

表 4-20 复掺激发剂激发矿渣活性的试验研究

激发剂（%）			3d 力学强度（MPa）		28d 力学强度（MPa）	
CaO	NaOH	石膏	抗折	抗压	抗折	抗压
1.00	0.50	2.00	2.01	21.12	6.51	55.02
1.00	1.00	3.00	2.23	22.34	6.98	57.11
1.00	1.50	4.00	2.48	23.13	7.38	59.43
1.50	0.50	3.00	2.07	21.96	6.53	55.27
1.50	1.00	4.00	2.33	22.58	6.78	56.19
1.50	1.50	2.00	2.64	24.24	7.79	60.52
2.00	0.50	4.00	2.12	21.33	6.74	57.23
2.00	1.00	2.00	2.40	22.72	6.64	56.52
2.00	1.50	3.00	2.57	24.17	7.23	58.65

由表 4-19 和表 4-20 可以看出，复掺激发剂对试样的 3d 和 28d 抗折，抗压强度都有所提升。当复配组分各含量为 1.50%CaO、1.50%NaOH 和 2%石膏时，试样的 3d 和 28d 抗折、抗压强度最理想，此时试样的 3d 和 28d 抗折、抗压强度依次为 2.64MPa、24.24MPa、7.79MPa、60.52MPa，较空白试样对应提升 36.10%、22%、20.40%、12%。

分析 30%矿渣取代量的空白试样的 3d 和 28d 的内部微观结构如图 4-15（a）、（b）。养护 3d 的试样内部结构疏松，水泥熟料矿物水化不充分，存在着一定量的水化产物，仍然有明显孔洞和裂纹，同时可以观察到有大量的无规则形态的矿渣粒子；养护 28d 的试样水化较充分，内部相对较密实，但仍然存在一定的孔洞和微裂纹。掺加复配激发剂激发的试样的 3d 和 28d 的内部微观结构见图 4-15（c）、（d）。由图 4-15（c）可以看出，养护 3d 的试样内部形貌较致密，未发现明显裂纹和孔洞，反应进程比较充分，其中可见针状钙矾石，局部分布的片状 $Ca(OH)_2$，晶体以及 C-S-H 凝胶，其中尤以片状 $Ca(OH)_2$ 晶体居多。由图 4-15（d）可以看出，试样水化程度较 3d 龄期更加充分，试样内部形貌非常致密，裂纹和孔洞等结构缺陷基本消失，黏结成片状的 C-S-H 凝胶将试样内部紧密黏结成一体。

CaO 的作用在于与水反应产生 $Ca(OH)_2$，此反应放热促进了胶凝材料的水化，同时生成的 $Ca(OH)_2$ 可以解离出一定量的 OH^- 离子，使矿渣解离出少量具有一定活性的硅铝氧化物，其与 $Ca(OH)_2$ 相互作用产生具有黏结性能的活性物质。NaOH 的作用在于其是强碱性物质，能够在试样中水解出大量的 OH^- 离子，高浓度的 OH^- 降低了分解活化能，促进矿渣解体，有利于稳定的水化产物网络结构的形成。

在 CaO 和 NaOH 共同作用下，试样处于碱性环境，石膏在较高的碱性环境下，SO_4^{2-} 总体含量大量增加，减缓了水化过程，同时胶凝材料的水化产物 $Ca(OH)_2$ 与石膏中的 SO_4^{2-} 发生反应生成钙矾石，水化产物不断增加，从而提高了试样的强度。三者共同作用，在很大程度上提高了试样的力学性能。

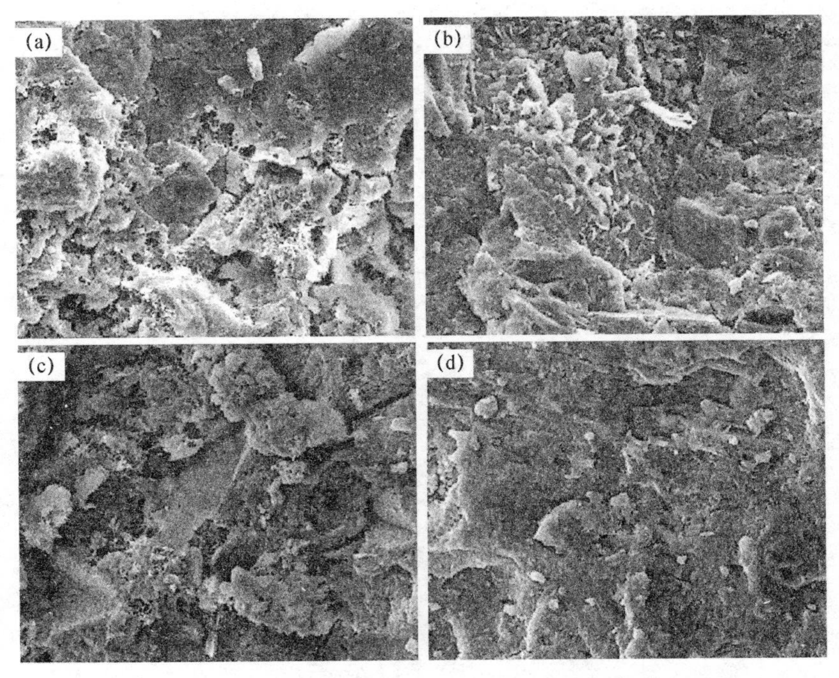

图 4-15　掺加矿渣微粉的保温材料内部微观结构 SEM 图片

(a) 空白试样 3d；(b) 空白试样 28d；(c) 最佳试样 3d；(d) 最佳试样 28d

（3）结论

① 随着矿渣微粉掺量的增加，试样的 3d、28d 抗折、抗压强度均呈现出下降趋势，综合考虑，确定矿渣微粉的最佳掺量为 30%，此时试样的 3d 和 28d 抗折、抗压强度分别为 1.94MPa、19.87MPa、6.47MPa 和 54.01MPa。

② 在矿渣取代量为 30%、水灰比为 0.39 的前提下，以单掺激发剂法分别探究了 CaO、Na_2CO_3、NaOH、脱硫石膏四种激发剂对试样强度的影响。CaO 对矿渣微粉的 3d 力学性能提升最为显著，对后期强度提升有限；经 NaOH 激发的试样后期力学强度最为理想，而其早期强度则相对较差。将其进行复配，当复配组分含量为 1.50%CaO、1.50%NaOH 和 2%石膏时，强度最为理想，此时试样的 3d 和 28d 抗折抗压强度依次为 2.64MPa、24.24MPa、7.79MPa、60.52MPa，较空白试样对应提升 36.10%、22%、20.40%、12%。

5 建筑垃圾及工业固废再生砖生产工艺流程

5.1 建筑垃圾资源化利用工艺

5.1.1 工艺布置

(1) 生产线工艺简述（见图5-1）

① 用铲车（或自卸车）将原料运至原料仓。

② 给料、破碎。安装于原料仓下的除土振动筛分喂料机将原料中的杂土筛分出，经一条皮带机输送出去，再经一个圆振筛筛分，筛分后的杂土经皮带输送机输送到废土堆，筛分后的≥20mm的物料输送至破碎机下方的主料皮带，运送至一个封闭圆振筛进行筛分。经给料机除土后的原料输送到破碎机破碎。

③ 轻物质分离。破碎后的物料先经过人工分选平台进行预分选，剔除出大块的轻物质，再通过磁选除去钢筋，然后再输送至轻物质分离器分离出轻物质和物料中未除去的杂土[51-53]。

④ 筛分。分离过轻物质的物料用皮带输送机输送至一个封闭圆振筛进行筛分，筛分出的0～10mm的物料用作再生砖制作的原料（这部分成品可以设计再筛分，筛分出0～3mm、3～6mm、6～10mm），筛分出的10～31.5mm的物料用作再生骨料。

⑤ 筛分出的10～31.5mm的物料经轻物质分离器再次分离残余的轻物质后经皮带机输送至一台砖混分离设备，分离出混凝土骨料和红砖骨料，再用一个圆振筛把破碎过的混凝土骨料分离成10～20mm和20～31.5mm两个规格成品。

(2) 生产设备

生产线采用一级破碎，主机使用郑州鼎盛工程技术有限公司生产的给料机、建筑垃圾专用破碎机和振动筛分设备、轻物质分离设备和砖混分离设备，除尘采用芬兰BME公司先进的环保除尘设备。具体为：

① 振动喂料、振动筛分设备。

② 无缠绕单段反击破碎机。

③ “亚飞”轻物质分离器。

④ 砖混分离设备。

⑤ BME粉尘抑制系统。

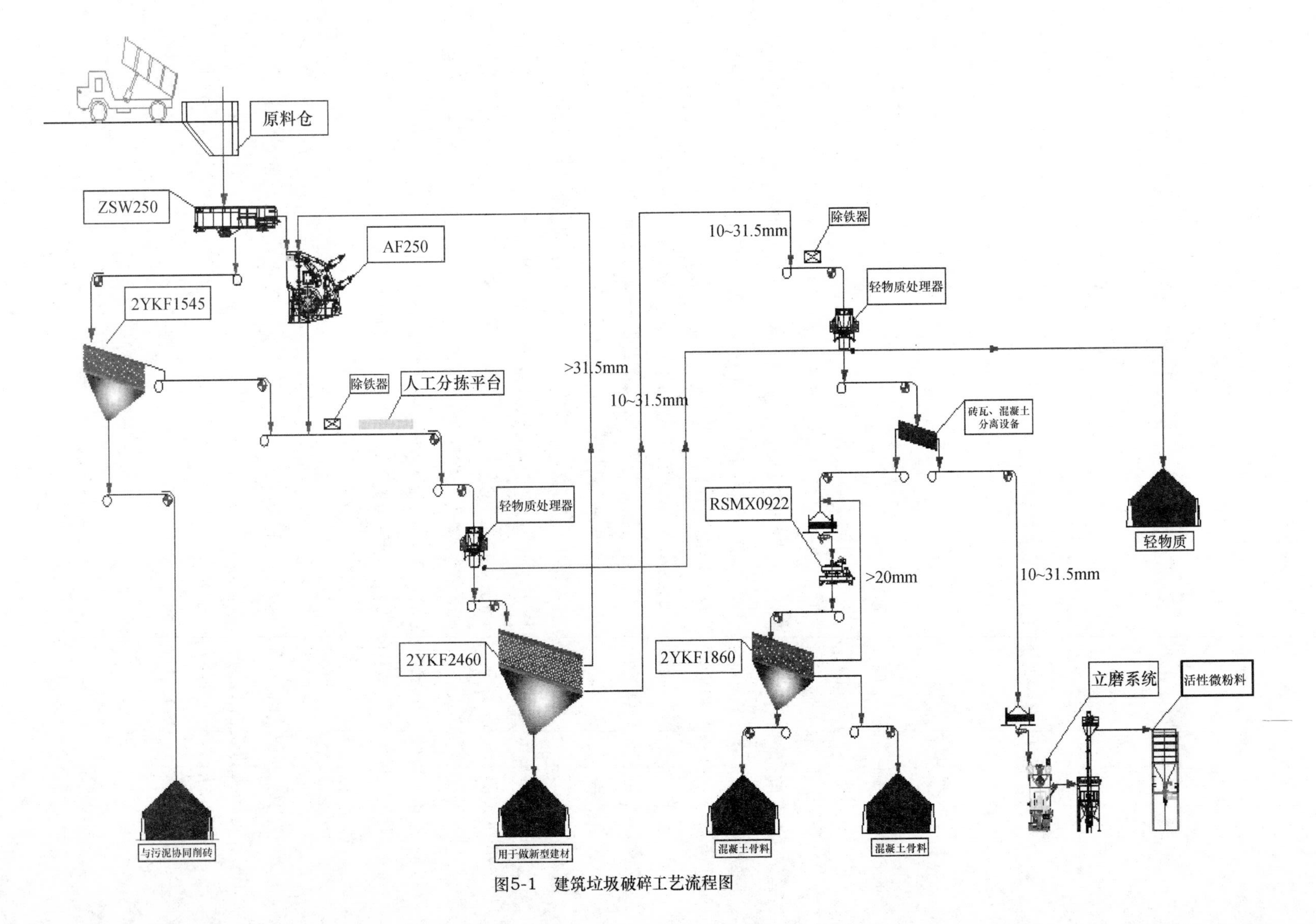

图5-1　建筑垃圾破碎工艺流程图

5.1.2 建筑垃圾破碎

AF250破碎机是由郑州鼎盛工程技术有限公司研发的AF系列建筑垃圾破碎机，是一款具有钢筋切除装置的建筑垃圾专用破碎机。其特点如下：

（1）带有钢筋切除装置，主机不会堵塞；

（2）变三级破碎为一级破碎，简化工艺流程；

（3）出料细、过粉碎少、颗粒成形好；

（4）半敞开的排料系统，适合破碎含有钢筋的建筑垃圾；

（5）破碎机匀整区的衬板上设计有钢筋的凹槽，物料中混有的钢筋在经过这些凹槽后被捋出而分离；

（6）配套功率小、耗电低、节能环保；

（7）结构简单、维修方便、运行可靠、运营费用低。

5.1.3 破碎后物料筛分

郑州鼎盛工程技术有限公司生产的YK高效圆振筛为国内新型机种，该机采用偏心块散振器及轮胎联轴器，经多条砂石及建筑垃圾生产线生产实践证明，该系列圆振动筛具有以下性能特点：

（1）通过调节激振力改变和控制流量，调节方便稳定；

（2）振动平稳、工作可靠、寿命长；

（3）结构简单、质量轻、体积小、便于维护保养；

（4）可采用封闭式结构机身，防止粉尘污染；

（5）噪声低、耗电小、调节性能好，无冲料现象。

5.1.4 钢筋处置

经由建筑垃圾破碎机处置后的钢筋多是小段钢筋，经磁选设备选出后放入液压打包机打包处理，其工艺特性如下：

（1）破碎机钢筋切断装置，剔除钢筋；

（2）多级电磁除铁，磁选分拣；

（3）输送过程中人为分拣；

（4）最后液压打包，码垛堆放；

5.1.5 骨料洁净处理

“亚飞”轻物质分离器是郑州鼎盛工程技术有限公司研发的具有专利技术的产品，垃圾分离效率超过90%，超出同行轻物质分离率30%以上，创造了优异的分离效果，在轻物质分离设备的创新方面取得重大突破。其特点如下：

(1)循环风设计可减少扬尘,提高设备效率;

(2)单次除杂率可达90%以上,并可多级串联,最大程度上保证除杂效果;

(3)保证建筑垃圾成品骨料的洁净度;

(4)设计理念先进;

(5)维修方便,电机消耗低。

"亚飞牌"轻物质分离器由于条件限制,一直被用在固定式建筑垃圾破碎、制砖生产线中。目前,郑州鼎盛工程技术有限公司已在"亚飞"轻物质分离器的基础上,成功研发出了风选式轻物质分离器,并成功应用在移动式建筑垃圾破碎生产线中。

5.1.6 环保方面设计

环保方面设计采用芬兰进口BME除尘设备,应用生物纳膜抑尘技术、收尘封、云尘封和易尘封技术,系统投资成本低,生产成本小,占地面积小,无粉尘收集处理困扰。

为了有效地控制粉尘的排放量,减少其对周围环境的影响,本设计采取以防为主的方针,设计了工艺设计料堆防尘、破碎源头降尘和收集泄漏的少量粉尘三级除尘处理方案。

(1)破碎车间除尘方案

破碎车间的粉尘具有进料粒度大,排料粒度大、破碎比小、建筑垃圾通过能力大、破碎腔落差大、速度高的特点,因此粉尘以大颗粒物为主。针对大颗粒物的处理,BME设计具体的除尘力方案如下:

① 使用一台百诺抑尘机Hybrid对该段破碎所产生的粉尘进行处理。该机型同时具备喷射纳膜和干水雾两种特性。在振动筛分喂料机及建筑垃圾倒料口处喷射水雾对物料进行初步润湿,捕捉扬尘,可以很好地解决细颗粒物扩散的问题并进行包裹加强,对物料在振动以及下落时碰撞产生的粉尘进行捕捉和团聚;同时在颚式破碎机进料口喷洒生物纳膜,与大块建筑垃圾一起进入破碎机,在破碎过程中进行混拌,由此对产生的粉尘进行吸附和包裹,从而加大灰尘的质量形成凝聚和沉降作用,加快其下落速度;

② 在破碎机落料口的输送带安装使用12m易尘封(不含钢架主板),满足落料口完全密封的要求,加强粉尘凝聚和沉降作用,确保该处粉尘不再飘扬;

③ 在破碎机下料口设计安装一台收尘封TF-37,用于抽取颚式破碎机下料口的粉尘,这部分由于冲击力较大,产尘量较大且扩散速度快。通过该机器的疏导,可确保包裹后的粉尘在易尘封中沉降,且残留的含尘空气被抽取后通过3次水幕淬洗,完全过滤灰尘后排放,水中沉积下的粉尘形成泥屑,经专用皮带排出后做统一处理[54-56]。

(2)筛分车间除尘方案

筛分车间的粉尘浓度大,且细粒级含量多、飞逸性强、覆盖面积大,导致处理难度极大，历来为粉尘处理的难点。为此，BME 设计除尘方案如下：

对于筛分部分，由于经过前期纳膜的包裹和处理，在筛分处几乎没有建筑垃圾新鲜断裂的情况出现，故此只需做一些预防性和补充处理即可，这也是抑尘技术最大的优势。为了进一步加强除尘效果，共用百诺抑尘机，该设备可喷射超细荷电干雾，雾粒直径仅为 5～100μm，对于同等直径的灰尘具有很强的捕捉能力，可以很好地解决超细颗粒物扩散的问题，对物料进行包裹加强，并对在振动以及下落时碰撞产生的粉尘进行捕捉和团聚，加强后续效果。

5.1.7 信息化、智能化设计

生产线可预留配备相应的数据算法及生产工艺数据，能根据喂料、破碎、筛分、输送等模块的数据化反馈，调整相应的设备运转状况，从而达到各个模块相互匹配的理想化生产状态，相较于传统生产线的现场观察，调整能够提高整条生产线运转效率20%。其具备以下特点：

(1) 各个设备工艺状况上相互配备，达到最优生产状况；

(2) 根据生产状况的不同，自动寻找最优生产工艺状态，显著提高生产效率；

(3) 智能化锤头，可及时反馈锤头磨损情况和调整出料粒度并及时反馈整条生产线运营状况，进行自动寻优调整；

(4) 远程监控、预警、诊断，可以通过手机、平板电脑等电子工具对现场生产状况进行了解，根据现场反馈的情况及时与现场沟通，便于管理；

(5) ERP（企业资源计划）、SCM（供应链管理）、CRM（客户关系管理）系统，可根据客户要求对 ERP 管理系统里的内容进行设定，并进行数据存档和远程反馈，如日报表、周报表和销售报表等生产数据，便于管理人员对生产状况的把握和调整检测，有效提高企业生产管理水平。

5.2 建筑垃圾及工业固废制砖工艺流程

5.2.1 原材料的选择与控制

(1) 原料配比

原料配比是用建筑垃圾和工业固废生产再生砖的核心技术。胶凝材料的选择、建筑垃圾中某些原料对产品性能的影响以及原料的颗粒级配对再生砖制品产品质量均有不同程度的影响。

(2) 胶凝材料的选择

胶凝材料的品种有四种：硅酸盐水泥、镁水泥、石灰、石膏（不包括各种有活性的工业固体废弃物），这些胶凝材料不仅涉及产品的性能，还影响生产成本，可单独使用，也可复合使用。通过综合分析，最常用的品种为硅酸盐水泥，硅酸盐水泥应符合GB 175、GB/T 2015的规定。

（3）固体废弃物的选择

优先选择它的活性和胶凝性，因为这决定着再生砖制品的强度和耐久性、水泥用量以及成本，对制品影响最大；其次应考虑固体废弃物的密度，要在考虑活性的基础上照顾到对原料密度的要求；还应考虑固体废弃物的应用成本以及供应和资源状况；固体废弃物的预处理难度等[57-59]，其中粉煤灰应符合GB/T 1596和GB 6566的规定，高炉矿渣应符合GB/T 18046的规定。

（4）建筑垃圾再生骨料的选择

在原料配比中，要求建筑垃圾再生骨料中的土质成分（粒径为5～10mm）不超过3%，粉体（粒径为0.5mm以下）不超过30%。若粉体过多，会影响强度，干缩较大，也不易成型；若细颗粒过多，坯体中的水分不易排出。建筑垃圾再生粗骨料（粒径＞4.75mm）应满足规范《混凝土用再生粗骨料》（GB/T 25177—2010）的相关规定，细颗粒（粒径＜4.75mm）应满足规范《混凝土和砂浆用再生细骨料》（GB/T 25176—2010）的相关规定。

（5）掺加一定量的活性工业固体废弃物

用建筑垃圾作为再生骨料生产再生砖时，建筑垃圾所占比例较大。为了提高制品的后期强度，有时需要加入一些硅铝质原料，粉煤灰中二氧化硅的含量达50%左右，而且粉煤灰也属固体废弃物。因此，一般选用粉煤灰，粉煤灰掺量一般控制在10%左右。

（6）坯体水分及成型工艺选择

在坯体成型中，坯体水分的大小以及成型压力至关重要，这些都影响制品的强度，成型水分一般在11%～13%。成型工艺依成型机类型的不同（见3.3.1）可分为压力成型、振动成型、浇筑成型三种，其中，压力成型应用最广泛，是生产中的主导性成型工艺，在压力成型中，液压成型效果最好，应用最为普遍。

（7）其他要求

外加剂应符合GB 8076和JC 474的规定，颜料应符合JC/T 539的规定，水应符合JCJ 63的规定。

5.2.2 工艺路线描述

对于利用建筑垃圾和工业固体废弃物所制备的再生砖制品（砌块、市政道路广场砖、植草砖、透水砖等）生产线使用的主要机械设备是一致的，生产工艺路线如下，具体工艺流程图如图5-2所示。

（1）在骨料的堆棚用装载车运输至各制品车间的配料仓[60]；

（2）配料仓设电子皮带秤，按照要求计量配料；

(3) 用皮带机输送到料斗提至自动调湿搅拌机搅拌；

(4) 搅拌好的湿料用料斗送至成型机成型（市政道路广场砖、仿石透水砖、砂基透水砖要进行二次布面料），成型好的湿砖坯用链条输送机送到升板机；

(5) 然后用子母机送到养护窑养护，待砖坯达到一定强度时，用子母车从养护窑取出，送到降板机将砖坯送到链条输送机，送至码垛机进行码坯；

(6) 再用叉车送到堆场进行养护，养护 28 天的产品经过检验合格后出厂；

(7) 栈板通过链条输送机送到混凝土砌块成型机继续使用。

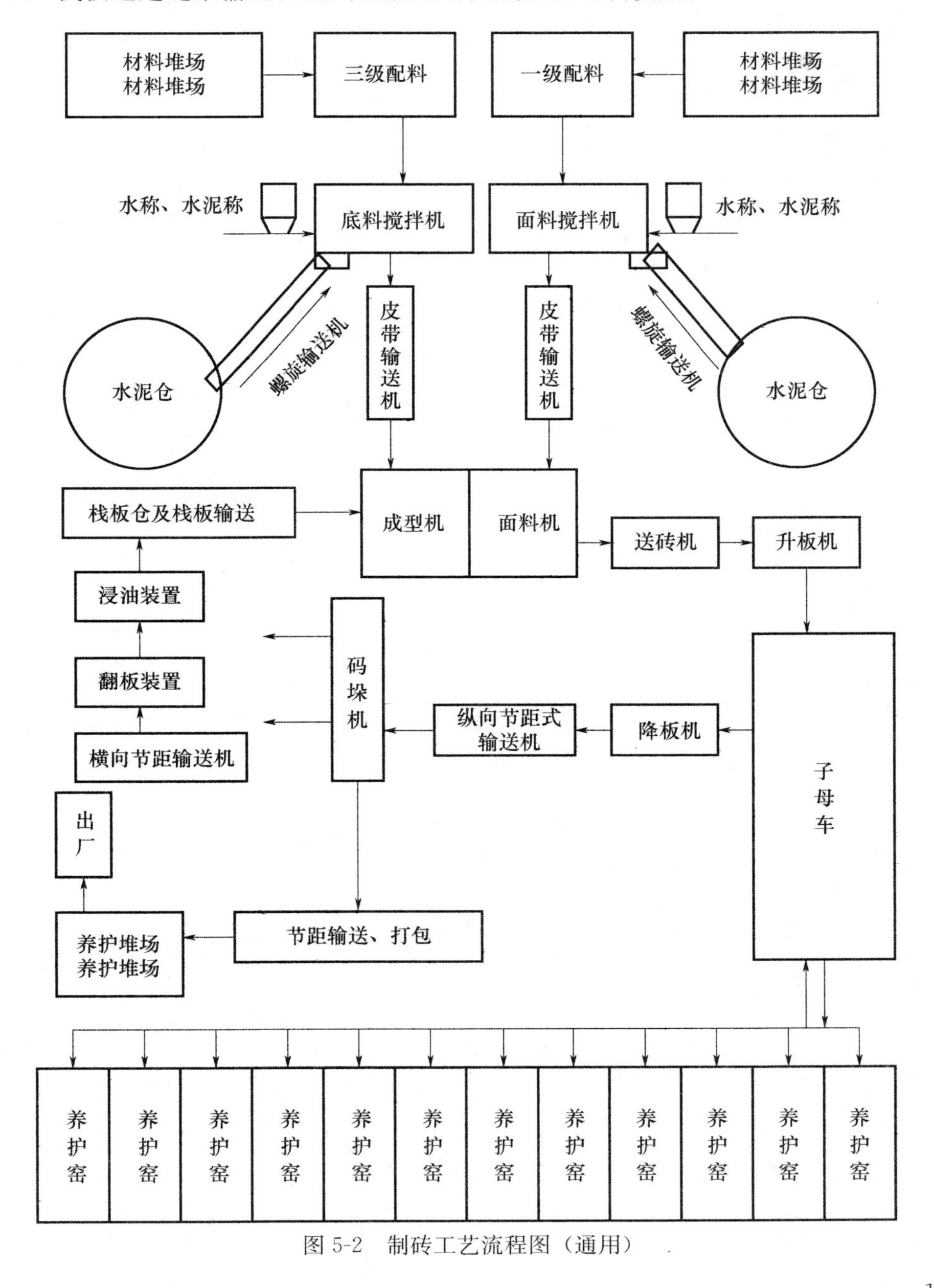

图 5-2 制砖工艺流程图（通用）

图 5-3 为西安银马实业发展有限公司生产的超级美洲豹 2001 牌建筑垃圾环保砖生产线生产工艺流程图。该系列生产线综合利用建筑垃圾制备高端生态环保砖，其中建筑垃圾地砖原材料配比为水泥：建筑垃圾：砂石＝10％～20％：40％～50％：30％～50％。同时该生产线采用一种智能码垛系统——坐标式码垛机器人码垛，生产效率高，是一种新型节能环保生产工艺。

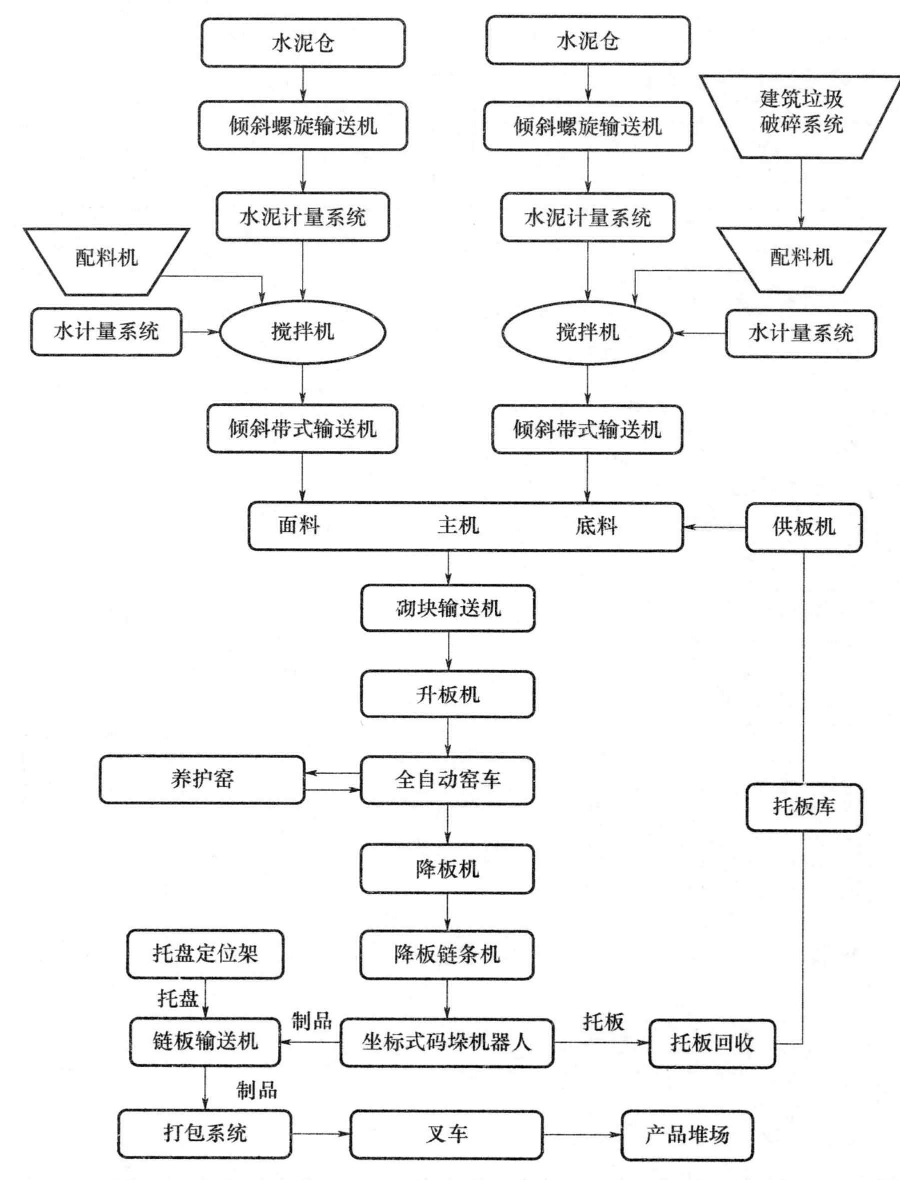

图 5-3　超级美洲豹 2001 牌建筑垃圾环保砖生产线生产工艺流程图

5.2.3　一种新型成型工艺——湿法成型工艺

小型混凝土制品湿法成型工艺系相对于采用干硬性混凝土的砌块成型机成型工艺

而言。两者最大的不同点为成型时新拌混凝土的流动工作性能有明显差别。因此，这里所讲的“湿法”是根据新拌混凝土工作性能，与混凝土砌块（砖）生产过程所使用的新拌混凝土对比而言，人为进行划分，并不十分科学、合理。实际上，欧美等发达国家目前在该类产品成型时，新拌混凝土的实际水灰比（W/C）并不大，一般都不会超过 0.35；新拌混凝土的流动工作性主要源自掺入外加剂带来的改善和提高。采用低水灰比，是提高制品的致密性、强度和耐久性的需要[61]。

（1）传统的模具浇注成型

早期的预制混凝土构件成型工艺都采用模具定点浇注、带模养护，故多数小型混凝土制品肯定也能采用这种传统的成型工艺进行生产。

① 英国 Brett 公司一条生产大型混凝土路缘石和公路用混凝土隔离墩制品的生产线，采用浇注和振动台工位合二为一的定点浇注成型工艺，在一套钢模（长约 6 米）上一次可浇注成型多个制品。空模具和带坯体的模具，采取专用门式轨道行车、经空中转运，以叠码方式摆放在门式行车下的空间，进行带模、静停养护。浇注是采用另一台门式轨道行车上的可移动浇注小车，可在模具上方横向滑移，完全依靠操作工的经验来控制新拌混凝土在每个产品模腔内的浇注量；有时需人工进行新拌混凝土浇注量的增减。钢模使制品表面原则上为光面。一台专用脱模翻转装置将制品放置在一个操作台上，人工检查制品表面和进行修补，再使用带专用夹具的电动葫芦吊，进行短距离搬移和码垛。

② 法国 Ouadra 公司是一家法国的混凝土砌块成型机专业制造商，公司靠近德国边境，实际上有很浓烈的德国“味”。Quadra 公司近十几年研发了前后四代湿法混凝土面板生产线设备。四代设备的成型原理基本相同：采用类似干混砂浆搅拌输送泵的计量输送合体装置——利用螺旋搅拌叶片作为新拌混凝土浇注的计量器；无任何加压装置的固定振动台振动密实成型；反打工艺（装饰面层朝下），以生产清水混凝土装饰面板类产品为主。当在底模板上饰纹——加一层塑料模具材料，可在面板制品表面形成凹凸性纹理。一般仅用一种配合比的混凝土，没有分面料和底料的二次布料工艺；成型过程中可人工放入钢筋或钢筋网片。

③ 捷克 Broz 公司的简易辊道输送生产线属于半自动化的湿法成型流水生产线。它最大的特点：一是浇注时模具在辊道台上是移动的，即浇注出料口不动，模具在浇注时可控发生位移。这样解决了在传送带宽度不大条件下如何生产长度较大混凝土面板的难题。二是新拌混凝土的计量方式，它在浇注出料口之前，使用一根软管，在软管上下有可调节位置的夹具—位于两个夹具之间的软管，起到体积计量杯的作用。实际上，它与德国玛莎公司转盘式压机采用的浇注混凝土计量方式相同。整个工艺设备类似于前文介绍的法国 Quadra 公司二代生产线，没有加压、只有振动密实，典型的“一字形”半自动线，用叉车来搬运叠放的模具。

（2）转盘压机成型工艺——“湿”与“干”的交集

转盘式成型压机，属于为湿法成型小型混凝土面板类产品量身定制的专用成型设备，与振动成型机在混凝土砌块（砖）生产线上的地位一样重要。OLF 公司由意大利两家很老牌也是很大的转盘机生产者 OCEM 公司与 Longinotti 公司合并而成，OLF 公司是全球很大，也是重要的转盘机生产商，其全球市场份额超过 90%。

OCEM 成立于 1926 年，家族企业，现由家族第三代掌控。公司从 1947 年开始设计与生产转盘式成型机，发展至今，形成了多系列机型，从简易小型线到全自动大型生产线，一应俱全，设备所生产的双层与通体产品广泛用于室内外领域。Longinotti 公司，自 1936 年始就开始生产转盘式成型机。此公司生产的成型机以高效且可靠而闻名。在全世界范围内，经过了八十多年的竞争。2017 年 OCEM 与 Longinotti 两公司宣布合二为一，合并成立一个全新的公司——“OCEM-LONGINOTTI FIRENZE”，简称为 OLF 公司。

OLF 所生产的转盘式湿法成型机，种类广泛，从 2 工位小型简易线到 6 工位全自动大型生产线，最大产量可超过 2000 平方米/8 小时。

① 转盘式湿法产品总结：

a. 应用于室外地面，产品种类众多，但仿石、仿木纹产品是主流；仿石、仿木纹是湿法制品最大的特点；

b. 应用于室内地面，大型公共场合如地铁，机场，超市，医院等；

c. 内墙面、外墙外挂窗台、灶台、台盆、台阶等；

d. 由于湿法产品非常致密，表面非常适合做出各种各样的图形、图案，各种各样的纹路、纹理，与园林景观配套也相当好（见图 5-4、图 5-5）。

② 生产线的组成：无论是通体砖的机型还是双层布料砖的机型，生产线的组成基本上一样。

a. 配料搅拌系统，如水泥罐、搅拌机、自动称重系统、输送装置等；

b. 成型主机；

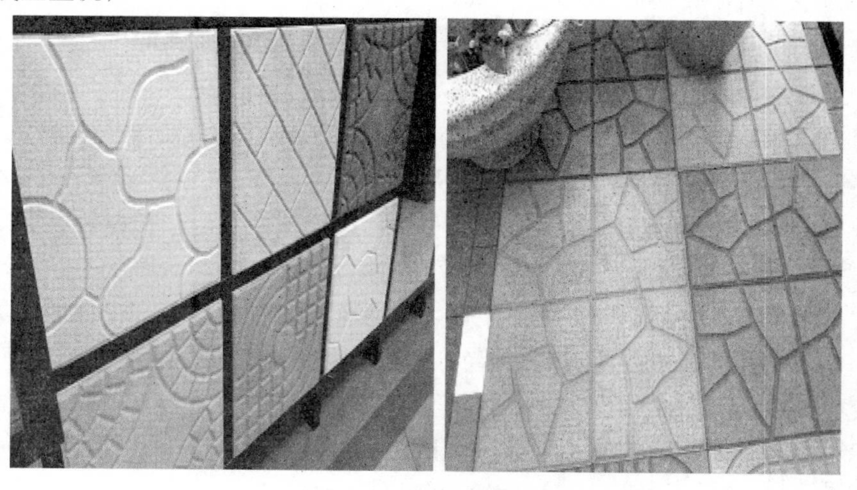

图 5-4　湿法生产双层产品

图 5-5 湿法生产仿石砖

c. 接砖、放砖（输送）系统，分为水平式与垂直式；

d. 子母车；

e. 养护系统；

f. 二次加工生产线，如定厚、水磨、抛光、抛面等；

g. 自动打包系统；

h. 污水处理系统。

③ 产品养护方式：既可养护窑养护，也可自然养护。自然养护，根据天气的温度、湿度等等，需要 3～5 天。养护窑养护，大概需要 18～24 小时，就可达到自然养护 15 天的效果。

④ 各种深加工及相关配套设备：

定厚机、水磨机、水洗机、抛丸机、倒边及定距机（定距就是加工所想要的产品尺寸与斜度）、自动产品切割及磨边机、刷面机、上蜡与喷涂设备、表面打印设备、全自动打包设备、水处理与循环利用设备。

与前文所述传统模注成型工艺相对比，转盘压机成型工艺生产混凝土面板时，生产效率获大幅度提高，制品强度相对要改善不少，产品可用于轻载型人行道便道的铺设，也可应用于重载场合。不过，每次变更产品规格时，则需同时更换所有工位上模具（六套或七套），而不是仅一套。

在市场总需求量减少的新常态形势下，混凝土砌块（砖）生产企业应丰富产品规格和多元化，建议可利用企业闲置的配料和搅拌系统，用尽量少的投资，进行湿法成型工艺的尝试；初期以生产装饰混凝土砌块建筑的辅助配块、异形的混凝土路面板（砖）为主；有经验后，可重点开发园林景观用、批量并不大的一些块（板）型产品；要尝试采用湿法成型工艺，做薄混凝土路面板（砖），将它打入室内与庭院的地坪铺装，与石材板材、陶瓷墙地砖开展竞争，特别是异形块、个性化用量小的混凝土制品有优势；有技术力量和硬件条件的混凝土路面砖（板）企业，可尝试在现有混凝土路面砖生产线上，进行仿湿法制品的产品开发，提高混凝土路面砖面层的致密性和强度，使产品升级换代。

5.3 养护工艺

5.3.1 养护的作用

养护工艺是建筑垃圾及工业固废再生砖生产的最后一道工序，它和成型工序并列为建筑垃圾及工业固废再生砖的两大主导工序，再生砖60%的强度要在养护工序产生，成型只是赋予再生砖体型与部分强度，而其内部结构的完善和更大强度的产生则是在养护阶段。成型结束并不意味生产的结束，养护不但必不可少，而且和成型具有同等重要的地位，不可认为可有可无。

建筑垃圾及工业固废再生砖强度的形成，主要来自于两个方面：成型时的机械压力或振动作用及成型后胶凝材料的化学作用。机械作用主要来自于成型，而化学作用则是大部分在养护阶段完成。水泥等胶凝材料的水化产物，以及活性工业废弃物的活性成分的水化产物，二者是再生砖胶结作用产生强度的主要来源。这些水化产物形成得越多，再生砖的强度就越高，另外，它们的形成速度，也将直接影响再生砖的出厂时间。

5.3.2 养护方法的类型及比较

（1）类型。建筑垃圾及工业固废再生砖的养护方法，就已经应用的情况看，大致分为特种养护方法与常规养护方法两大类。在常规养护方法中，主要分为自然养护、蒸汽养护、蒸压养护等。在特种养护方法中，有人们不太熟悉的太阳能养护、远红外养护、浸水养护、碳化养护等。

（2）各种养护方法的比较和选择。上述养护方法很多，各有特点和适应性。目前，这些方法均有一定的实际应用。为了避免生产者面对众多的养护方法无所适从，现将这些方法进行简略的比较，并介绍相应选择的方法。

① 常规养护与特种养护的比较及选择。传统的常规养护在中国已应用了几十年，积累了丰富的经验，许多较成功的应用先例可资借鉴，一般成功率较高。因此，常规的养护应予优先选择。

相比较而言，特种养护是一些养护新技术的探索，虽有一些应用，但一直不够普及，有些仅是一些尝试性的研究，生产实践较少。其中远红外养护在普通混凝土制品的养护中有较成功的应用，而在再生砖的养护上仅做过一些试验性的探索，还没有大规模用于生产实际。药剂气化是近年的一种最新研究，也还没有正式用于生产。浸水

（用外加剂溶液）养护有一定的应用和效果，但工艺繁杂，占场地也较大，所以也一直没有广泛推广，普及起来还有难度。碳化养护自 20 世纪 90 年代以来，一直有一些应用，虽然也有一些成功的先例，但存在二氧化碳污染，砖的质量不如蒸汽养护方法好。

在各种特种养护方法中，太阳能养护是近几年发展起来的新方法，它虽然至今也没有成为主导性养护方法被大家所接受，但因为它节能、无污染、养护成本低，所以从绿色化和节能化的发展方向考虑，它应该是最理想的养护方法，是很有发展前途、未来宜倡导的养护方法。由于太阳能养护的养护温度仍然偏低，无法达到蒸汽养护的效果，且许多方面仍在研究和探索中，工业化的应用仍不成熟，因此，在近几年中，它还不能取代蒸汽养护和蒸压养护在免烧砖生产中担任主角。然而，和常规养护中的自然养护相比，它无疑具有领先性，效果远优于自然养护，应该作为自然养护的取代工艺优先选择。无论如何，太阳能养护都要成为我们开发、研究和发展的重点[62]。

② 常规养护方法的比较和选择。自然养护、蒸汽养护、蒸压养护这三种养护方法，是已经广泛应用的养护工艺，技术成熟、工艺完善，是目前应该重点应用的工艺，但也应分别对待，有所选择和侧重。

从养护效果看，蒸压养护无疑是最理想、最成熟的优选工艺，其他任何养护的效果都不可能与蒸压养护相比。蒸汽养护的效果仅次于蒸压养护，也不失是较理想的工艺，相比较而言，自然养护的效果最差。因此，为保证再生砖的质量，应该尽量采用蒸压与蒸汽养护。

从养护的投资与节能角度考虑，蒸压养护投资最大且能耗也较高，不能优选。蒸汽养护需要锅炉，能耗也较高，也不是优选工艺。所以，从投资、节能及环保三方面考虑，自然养护是最理想的选择。

5.3.3 蒸压养护

蒸压养护特别适用于工业固体废弃物生产的再生砖，利用水泥为胶凝材料，建筑垃圾为再生骨料所制备的再生砖应用则不算普遍。

目前，我国再生砖的生产，一部分是以活性工业废渣或各种矿业废渣为主。不论是前者还是后者，其主要成分均以硅为主，或硅、铝兼有。因此，利用这些工业废渣制备再生砖，本质上讲，其形成的主体成分均是硅酸盐，有时也辅以铝酸盐。即使有些废渣砖加入了少量硅酸盐水泥，也仍然属于硅酸盐混凝土。从这个共同点来看，它们所进行的水化反应，是属于同一类反应体系，其最终形成的主要还是硅酸盐。但是，由于养护方法的不同，即使采用相同的废渣和配比，其水化产物在总体一致的同时，也有一定的差别，这些差别导致再生砖的质量（抗压强度和耐久性）将有较大的差别。因此，当采用蒸压养护时，其温度和压力较高，其相关水化反应进行得更加迅速和彻底，反应生成物更多，生成物的结晶度高，品质优异，相应地增加了胶凝强度，同时在干燥收缩、抗干湿循环、抗冻性等方面也优于蒸养砖和自然养护砖。

蒸压养护的设备主要是蒸压釜和蒸压车。我国当前利用工业固废砖生产再生砖的企业采用的蒸压制度为：50℃左右的湿热条件下预养3～4h，在2～3h内升温至174.5℃（0.8MPa），恒温（174.5℃）6～7h，降温2～3h（出釜温差小于80℃）。

5.3.4 蒸养养护

常压蒸汽养护一般简称“蒸养”，它的基本技术原理与蒸压是相同的。但由于是常压，蒸汽对物料颗粒的作用力相对于高压要差一些。在蒸压下，压力会大大增强蒸汽对物料颗粒的透入性，而在常压下，蒸汽沿微细孔隙进入物料颗粒内部的能力就弱一些。但是相对于自然养护，由于由蒸汽自身的透入性，显然它又优于常温常压下的水的透入性。因此，蒸汽养护逊色于蒸压而又优于自然养护。

蒸养养护的设备主要是隧道养护窑或室式养护窑和养护车。蒸养养护的养护制度为：

（1）升温。升温就是将预养过的砖坯加热到蒸养的最高温度（95～100℃）。升温阶段中，对砖坯强度有正反两方面的作用。一方面由于蒸汽在制品表面冷凝，不断地透入制品的细孔内部，并与坯内原有的水分合在一起，溶解氢氧化钙及其他可溶物质，如二氧化硅（SiO_2）和三氧化二铝（Al_2O_3），使之相互作用，生成含水的硅酸钙和铝酸钙，形成新结构，使强度增长；另一方面，由于升温过程中产生体积膨胀和水分迁移及内外温差应力等物理现象，对砖坯结构产生破坏作用。因此，为了使正反两方面的作用达到平衡，使砖坯强度能抵抗升温引起的结构破坏作用，升温速度不宜过快。

升温速度和升温时间与砖坯预养后的强度，温度和含水率有关。试验证明，当成型水分为16%左右时，如采用自然预养，升温时间需要6h才能保证砖的质量，而经40～50℃湿热预养的砖坯，升温时间只要2h即可。升温时间过长，砖坯过多地吸水会引起结构疏松，砖坯的强度增长缓慢，产品强度有下降的趋势。

（2）恒温。恒温时间是指养护室内的砖坯在给定的最高温度下保持恒定的一段时间，是再生砖发生硬化反应和强度增长的主要阶段。恒温的温度和时间直接影响产品的强度和耐久性。

为了确定最佳的恒温温度，原武汉市硅酸盐制品厂曾进行了一系列试验，其试验结果表明，当恒温温度只有80℃时，尽管恒温时间长达20h，其游离氧化钙仍高达4.02%～5.78%，产品强度则只有6.3～7.5MPa。而将恒温温度提高到100℃时，恒温时间虽缩短到6～15h，其游离氧化钙减少到0.02%～0.58%，说明水化反应进行得相当充分，此时，产品强度达到14.7～18.4MPa。因此，常压养护的恒温温度应该达到95～100℃。

（3）降温。恒温以后停止供汽，养护室温度下降，砖的温度随之降低，直到制品可以从养护室内取出时为止，这个阶段称为降温，随着制品温度的下降，孔隙内的水分向外蒸发，硅酸盐和铝酸盐胶体脱水并部分晶化，而且在溶液中析出氢氧化钙结晶，使制品硬化。降温不宜过快，因为急剧冷却，水分激烈蒸发，会产生强烈的水流和气流，引起砖裂缝，降低强度，但是，降温也不可太慢，降温过慢会减少无定形水化物和氢氧化钙的结晶度，影响产品强度，也不利于养护室的周转。通常，降温时间控制在2h左右，并应视室外气温状况而定，以制品出养护室的温度和室外温度之差小于40℃为宜。

5.3.5　自然养护

大多数中小企业由于资金的限制，常采用自然养护。由于不采用蒸汽加热，自然养护的效果比蒸养和蒸压要差得多，特别是在产品的耐久性方面，自然养护往往难以保证。为了克服自然养护的缺点，就要采取一定的养护措施，在简易条件下提升养护质量，同时，凡是自然养护的再生砖还可采用以下几个补充措施：①加大水泥的用量；②提高静压成型机的压力或提高振动砖机的激振效果；③强化物料的搅拌；④提高物料的品质。在上述一些弥补性措施的基础上，再配合先进的自然养护方法，可以使养护效果得到保证。

在实践生产中，为了提高再生砖的质量，通常对制品采取覆膜养护，覆膜养护是在再生砖制品上进行覆膜的保养方法，在砖坯初凝之后终凝之前，人工进行混凝土养护薄膜的铺贴，使养护薄膜和再生砖表面紧密结合，促进再生砖的水化效应，在混凝土养护过程中起到防裂保湿的显著作用。尤其是在起风季节，再生砖制品表面易形成很多干缩小裂缝，影响制品表观质量，使用覆膜养护就可以提前喷洒，避免制品表面干裂。图5-6为采用覆膜养护再生砖制品。

图5-6　覆膜自然养护再生砖

自然堆放是最简易的一种养护方法，虽投资小但养护效果不如蒸压养护和蒸养养护理想，且养护期较长。这里介绍一种新型养护方法，它的基本原理是提高养护温度，以促进物料的水化反应。

（1）场地选择。本方法宜选择在符合下述条件的地方：

① 地势较高，防止下雨积水，一般堆养地面应高于周围地面；

② 最好是背风之处，特别是北面地势高些为好，以防止北方冷空气，一般养护场地不宜选择在风口处；

③ 光照充足，周围不可有大树或建筑物阻挡阳光，以使砖垛尽量利用太阳升温，光照越强越好；

④ 地面平整开阔，宜于砖坯的码放和转运。

（2）砌筑挡风墙。在养护区的北边，筑起一道 2.5～4m 的挡风墙。挡风墙的高度以超过砖坯垛高度 1m 以上为宜，且应砌成夹芯结构墙体，芯层加入保温材料，以增加低温季节抵挡寒风的能力。有条件的最好每 2～3 垛砖坯就砌筑一道挡风墙。

（3）采用吸热保温养护被。养护被可采用如下三种方法制成：

① 复合黑色吸热养护被。采用这种复合膜覆盖，在夏季，砖坯垛内的养护温度可升到 60～70℃。

② 复合黑色充气养护被。这种养护被是上述养护被的改进提高型。这种充气被的保温效果远优于单纯的黑色复合膜。它的主要优点是在夜晚气温下降后，仍能使砖坯保持较高的温度，缩小昼夜养护温差，缩短养护周期。

③ 复合黑色羊绒棉养护被。这种养护被是在黑色吸热塑料膜的下面，再复合一层轻体高保温的羊绒棉。这种人造棉质轻而蓄热性能优异，可将黑色吸热层吸收的太阳热量储存起来，有利于太阳热能的利用[63]。

6　工程应用实例及效益分析

利用建筑垃圾作为再生骨料以及利用工业固体废弃物作为绿色胶凝材料制备的再生砖种类繁多，品种多样，可用于制作生态护坡砖、透水砖、气候砖、路沿石、标准砖、砌块等。

6.1　生态护坡砖

何为“护坡砖”？首先，它属于砖的范畴，充分利用固体废弃物，不会对环境产生二次污染。其次，它具有特殊的多孔结构，使水分能迅速渗入地下。此外，其特殊的结构可为草籽的生长提供环境，当它被砌筑在建筑物的外层时，使建筑物变成独特的绿色景观，有利于调节地表温度和湿度，保持空气新鲜。近年来，随着大规模的工程建设和矿山开采，形成了大量无法恢复植被的岩土边坡。传统的边坡工程加固措施，大多采用砌石及喷混凝土等灰色工程，破坏了生态环境的和谐。随着人们环境意识及经济实力的增强，利用建筑垃圾和工业固废生产的生态护坡砖逐渐应用到工程建设之中[64]。

6.1.1　普通护坡砖

普通护坡砖按照结构形态分为空心护坡砖和实心护坡砖。

（1）实心护坡砖

实心护坡砖大六角砖强度比较高，规格尺寸有三种分别为：300mm×600mm×100mm；250mm×500mm×12mm；200mm×400mm×80mm，能拼接成各种星形图案。主要用于河道、高速路、庭院、小池塘等护坡挡土用。强度较高，能承受几十吨质量，砖体略大，显得大气而且有相当好的承重能力，整片铺设起来效果较好，如图 6-1所示。

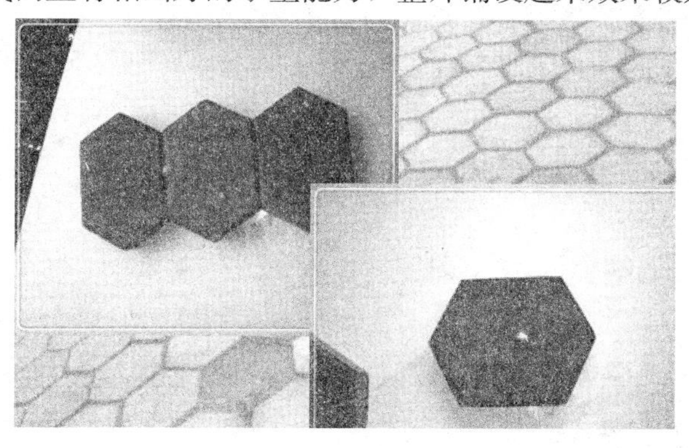

图 6-1　护坡大六角砖

（2）空心护坡砖

空心护坡砖又叫空心六角护坡砖，因为空心护坡砖中间是空的，可以种植各种草木等植被，能更好地减少水土流失，美化环境，如图6-2所示。

图6-2 空心护坡砖

6.1.2 混凝土护坡砌块

混凝土护坡砌块按照安装方式分为铰接式护坡砖、联锁式护坡砖。

（1）铰接式护坡砖

铰接式护坡系统是一种利用缆索穿孔连接的联锁护坡土壤侵蚀控制系统。该系统是由一组尺寸、形状和质量一致的混凝土块体，用若干根缆索相互连接在一起而形成的联锁矩阵。整体式柔性铺垫自重大、抗倾覆力强；对水流情况下的中小规模变形具有高度的适用性；抗冲刷能力强，高速水流以及其他恶劣环境下能够保持铺面的完整性，能有效提高土壤的抗水流侵蚀能力；可利用机械体式安装大大提高施工效率，节省人力，降低劳动强度。

铰接式护坡优势特性如下：

① 整体铺设，施工快捷，适应各种地形和气候变化；

② 抗流体冲击力强，高速水流以及其他恶劣环境下保持完整面层，不被侵蚀。与土工织物配合使用，可以有效管理崩岸及泥沙流失；

③ 适应1：1坡度施工，并且能在高速水流引起的高切应力下，安全地工作；

④ 恢复土壤净化污染能力，提同水体生物生存能力，避免硬化河道二次污染现象；

⑤ 特别适应紧堤防除险回固工程、水下施工，不需围堰，不仅经济同时节省时间；

⑥ 可植草绿化，保护生态环境；

⑦ 比较传统抛石、膜袋混凝土以及浆砌块石等做法，其综合成本最为经济。

铰接式护坡的技术特点：

施工方便快捷，可节省总工程投资。一般来说，100mm厚和150mm厚的块体，一个工人一天可以铺设 30～40m²。铰接式护坡系统一个小时起重机操作时间可以铺设3～4 个垫子。铰接式护坡施工见图 6-3。

图 6-3　铰接式护坡“毯式”施工

（2）联锁式护坡砖

联锁生态护坡是专门为明渠和受低中型波浪作用的边坡提供有效、耐久的防止冲刷、护坡的作用。联锁式护坡砖是一种现行使用的可人工安装，适用于中小水流情况下（不大于 6 米/秒）土壤水侵蚀控制的新型联锁式预制混凝土块铺面系统。由于采用独特的联锁设计，每块砖与周围的 6 块砖产生超强联锁，使得铺面系统在水流作用下具有良好的整体稳定性。同时，随着植被在砖孔和砖缝中生长，一方面铺面的耐久性和稳定性将进一步提高，另一方面起到增加植被、美化环境的作用。近年来，联锁式护坡砖被广泛应用于河流的治理如河岸、河堤、防洪溢洪等工程以及城市河道护坡改造工程中，见图 6-4、图 6-5、图 6-6。

图 6-4　联锁式护坡砖

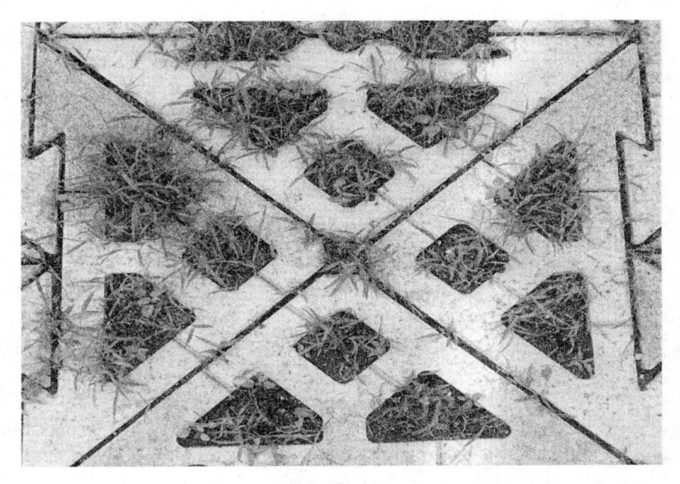

图 6-5　大三角联锁护坡砖

图 6-6　联锁式护坡施工效果图

产品特点如下：

① 全方位的连锁效果，类型统一，无须用多种混凝土块；

② 高强、耐久柔性结构，适合各种地形上使用；

③ 透水，减少基土内的静水压力，防止出现管涌现象；

④ 可以为人行道、车道或船舶下水坡道提供安全防滑的面层，面层可以植草，形成自然坡面；

⑤ 抗冻融、海水和其他化学品的腐蚀；

⑥ 施工方便快捷，一般人可以熟练地人工铺设，不需要大型设备，维护方便、经济。

（3）国外的几种混凝土护坡砌块

图 6-7（a）为美国 CRH 公司的一种生态护坡砌块（专利）。以 Hexacon^{TM}注册商

标销售的砌块是用于防侵蚀联锁护坡砌块，用于各种水工护坡工程，Hexacon™砌块分为闭孔式和开孔式两种，有利于土基坝体的稳定，又起到保护水生环境的作用。图6-7（b）为南丰的一种护坡砌块，为发明专利，适用于小河泾。

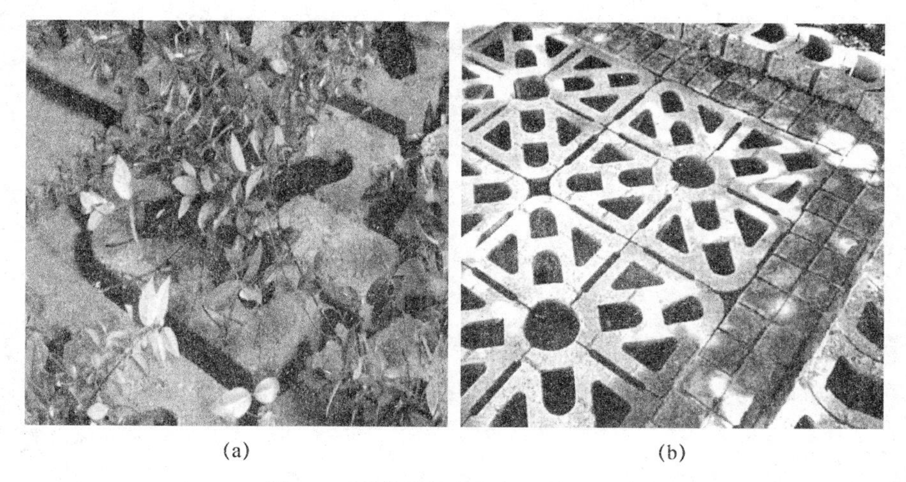

(a)　　(b)

图6-7　国外的几种混凝土护坡砌块

6.1.3　生态护坡砖施工工艺介绍

（1）施工准备

① 检查砖体形状、尺寸、强度（必要时）是否准确，剔除破损砖等；②清理施工现场，确认施工用水、用电、施工车辆及装备等是否到位；③检查土质，确保土质适合植物生长，否则应换土。

（2）生态护坡砖铺设

① 基础开挖后，首先浇筑800mm×800mm×600mm混凝土；②在混凝土基础上，铺设10mm厚的水泥砂浆找平层；③铺设无纺布，其最小搭接宽度不小于10cm；④确认砖的位置后安装连接棒，并灌入水泥砂浆固结；⑤最顶层砖与下层砖用10mm厚水泥砂浆附着，防止脱离。

（3）生态护坡砖铺设

① 顺坡铺设无纺布，搭接宽度不小于15cm；②尽量保证砖体之间接缝紧密，以实现墙体的抗冲刷能力。

（4）绿化布置

① 清理砖体表面，去除表层杂质；②向生态砖孔隙内充填由营养剂、杀虫剂等拌和的营养土，密实度达90%；③按设计要求，播种草籽或铺设草皮。

（5）施工中应注意的问题

① 严格检查生态砖产品质量，以保证铺设过程中，砖体之间密实牢固。草籽播种或者栽植草皮尽量避开高温，因为生态砖体吸热量大，应保证水分供给，避免草体被

晒死；

② 对于开孔植被的护坡砌块，生产时所使用的水泥品种，应严格控制其碱含量（尽量降低）。工程中发现由于混凝土中碱性物质渗出，会出现“烧死”植物的现象；

③ 根据护坡砌块块型、工程结构要求不同，如临水面护坡的结构需进行处理。发现国内有些工程施工并不满足要求，影响水工护坡砌块使用效果。

6.2 干垒挡墙砖

6.2.1 自钳式挡土墙

自钳式挡土墙是近年来在欧、美和澳大利亚等迅速发展起来并广泛应用的新型柔性结构重力式挡土墙，因其独特的设计、丰富的装饰效果、便捷的施工和良好的结构性能，在现代挡土工程中起到越来越重要的作用。近十余年来，这种新式柔性结构挡土体系广泛用于园林景观、高速公路、立交桥和护坡、小区水岸等，比传统的混凝土和浆砌块石容易施工，并且美观、耐久。

（1）自钳式挡墙的优势

① 柔性结构：抗震、抗冲刷，适应变形；

② 施工便捷：无垒无僵，自定位，可缩短 3/4 工期；

③ 寿命可与钢筋混凝土挡墙媲美，综合造价降低 10%～30%；

④ 生态友好：透水护土、活化净化水源，预防蓝藻、防洪补枯、生态修复；

⑤ 美观景墙：色彩造型多变、高度不限、劈裂自然面、埋灯造景。

（2）使用注意事项

① 由专业人士进行结构设计是必须的；

② 对于干垒砌块挡墙，每一种块型都有自己的设计参数或软件。但美国通常标高 1 米以下的挡墙，无须设计，由砌块生产企业提供施工图纸即可；

③ 挡墙砌块背面，宜有一定厚度要求的碎石层；

④ 挡土墙整体结构的排水措施必须到位。

6.2.2 干垒挡墙砖

干垒挡墙砖（见图 6-8）是一种挡土墙砌块，采用振动加压工艺成型。该结构是一种新型的拟重力式结构，它主要依靠自嵌块块体（C30 混凝土砌块）、填土通过土工格栅连接构成的复合体来抵抗动、静荷载的作用，达到稳定的目的。其独特的块型结构、前防滑挡设计，不仅提高了墙体的抗滑移性能，而且阻止了水对墙面的污染。不同的堆砌角度满足了设计对不同挡土功能的要求。砌筑时采用干垒（可以采用少量建筑胶粘接），无浆干垒使得施工更加简单，减少了人工费用。

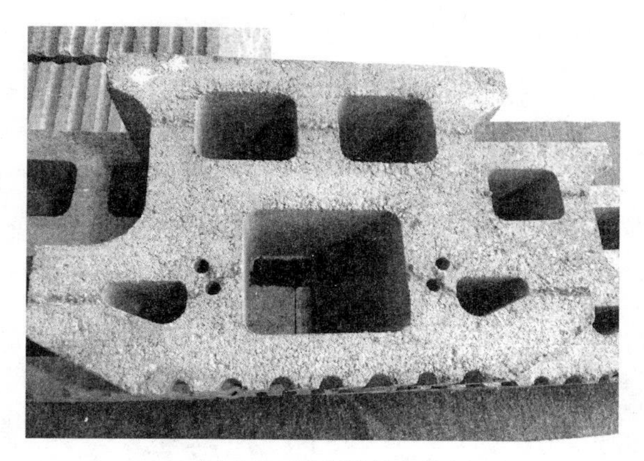

图 6-8 干垒挡墙砌块

(1) 施工工艺。其中挡墙的具体施工工艺为:

① 修基础,安装砌块;

② 铺设碎石层;

③ 铺设土工布、回填压实;

④ 返回土工布;

⑤ 铺设土工格栅,插入锚固棒;

⑥ 继续安装挡土块;

⑦ 压顶。

(2) 分类。干垒挡墙砌块可分为可植被型(如图 6-9 所示,为云南昆明的一种钻石型干垒挡墙砌块的国内改进块体——砌块竖向开孔,略微可生植被)和不可植被型(水流小的河泾可用,水线上不受限制。见图 6-10,唐山市南湖的一种不可植被挡墙砌块)[65]。

图 6-9 不可植被型干垒挡墙砌块

图 6-10 可植被型干垒挡墙砌块

6.2.3 景观挡墙花盆砌块

景观挡墙花盆砌块简称花盆砖,是一种外观类似于花盆,可在砌块内部种植绿植、花卉，起到装点美观作用的产品。与干垒挡土墙可配套使用，同时具有一定的实用性。花盆砖，简单的外形、自然的风格，让普普通通的墙体，变得生意盎然。因此，近年来，该产品在日本，韩国，香港，台湾，英国等亚太国家和地区的市政、水利等基本建设领域也得到了广泛应用。利用建筑垃圾和工业固废制备的花盆砖，以其先进的设计理念，环保的高质量产品，优越的工程效果，人性化的和谐环境以及美观的景观表现，得到了广泛的赞誉。图 6-11 为花盆砖效果图。

图 6-11　花盆砖效果图

6.3　透水砖

6.3.1　透水砖分类及介绍

（1）透水砖介绍

随着海绵城市建设的逐步推进，各类具有透水功能的护坡、道路等工程研发设计逐渐受到重视，在北京、厦门等城市的公用建筑、市政工程中应用较多，很多城市也已经制定了海绵城市建设规划，有的已付诸实施。从设计角度分析，海绵城市建设地面工程包含了路面材料、透水结构设计、排水管网设计等，是一项系统工程。路面材料主要包括透水混凝土、烧结透水砖、免烧透水砖等。通过市场调研发现，利用建筑垃圾及工业固废制备的透水砖能综合利用固体废弃物，有较好的生态效果。透水砖主要用于高速路、停车场、人行道、广场、园林建筑、豪华商业区、大型广场、酒店停车场和高档别墅小区等场所。利用建筑垃圾和工业固废所制备的透水砖具有以下优点[66-67]：

① 具有良好的透水、透气性能，可使雨水迅速渗入地下，补充土壤水和地下水，保持土壤湿度，改善城市地面植物和土壤微生物的生存条件；

② 可吸收水分与热量，调节地表局部空间的温湿度，对调节城市小气候、缓解城市热岛效应有较大的作用；

③ 可减轻城市排水和防洪压力、对防止公共水域的污染和处理污水具有良好的效果，使马路上不积水；

④ 雨后不积水，雪后不打滑、方便市民安全出行；

⑤ 表面呈微小凹凸，防止路面反光，吸收车辆行驶时产生的噪声，可提高车辆通行的舒适性和安全性；

⑥ 色彩丰富，自然朴实，经济实惠，规格多样化。

（2）透水砖的分类

透水砖作为透水性路面表面材料的一种，根据其原材料和生产工艺不同，主要有树脂基、烧结型以及水泥基三类。其中树脂基透水路面砖的耐候性较差，在使用过程中常因老化等问题，而使其服役年限大幅缩短；烧结透水路面砖的烧成能耗高，且烧成后坯体在冷却过程中易出现收缩裂纹，成品率相对较低；水泥基透水路面砖具备原料来源广泛、制备简便、耐候性好、成本低等优点。在这三类透水砖中，水泥基透水路面砖的应用最为广泛。

现介绍几种树脂基和水泥基透水路面砖：

① 普通透水砖：材质为建筑垃圾再生粗骨料所制备的多孔混凝土材料经压制成形，用于一般街区人行步道、广场，是一般化铺装的产品。

② 聚合物纤维混凝土透水砖：材质为花岗岩石骨料，建筑垃圾再生骨料、高强水泥和水泥聚合物增强剂，并掺和聚丙烯纤维、送料配比严密，搅拌后经压制成形，主要用于市政、重要工程和住宅小区的人行步道、广场、停车场等场地的铺装。

③ 仿石复合混凝土透水砖：材质面层为天然彩色花岗岩、大理石与改性环氧树脂胶合，产品面层华丽，天然色彩，有与石材一般的质感，主要用于豪华商业区、大型广场、酒店停车场和高档别墅小区等场所。

④ 仿石环氧通体透水砖：材质骨料为天然彩石、建筑垃圾再生骨料与进口改性环氧树脂胶合，经特殊工艺加工成形，此产品可预制，还可以现场浇制，并可拼出各种艺术图形和色彩线条，给人们一种赏心悦目的感受，主要用于园林景观工程和高档别墅小区。

⑤ 再生混凝土透水砖：材质为再生砂、水泥、水，再添加一定比例的透水剂而制成的混凝土制品。此产品生产成本低，制作流程简单、易操作，广泛用于高速路、飞机场跑道、车行道，人行道、广场及园林建筑等范围。

⑥ 生态砂基透水砖：微米级孔隙的吸水、滤水、透水，将粉尘挡在制品表面，保证透水功能的持久高效[68]。

6.3.2 生产工艺方案

本小节介绍一种具有推广价值的利用建筑垃圾和工业固体废弃物制备透水砖的生产工艺，供大家参考。

（1）原料

原料主要有建筑砂石、具有一定粒度的工业固废、筛选后的建筑垃圾骨料、水泥、天然细砂、环氧树脂等化学材料，生产仿石砖时还需要彩色骨料，采用各种彩色的原材料作为面料或者底料，生产出具有特殊彩色效果的产品，比如彩色玻璃骨料、贝壳、天然彩色的石子等。

生产砖型不同，对原料种类及粒度要求也不同。水工砖、护坡砖等可以提高工业废渣及建筑垃圾掺量。

（2）生产工艺

生产线的主要生产车间包括原料库、配料车间、制砖车间、养护车间、二次码坯车间、室外自然养护区。单条生产线车间内占地面积 4000m^2 左右，每年可综合消耗原料 10 万 t～13 万 t。

生产线使用的主要机械设备工艺：用装载机在原料库取不同原料分别运输至配料车间的配料仓，配料仓设电子皮带秤按照要求计量配料，用皮带机输送到料斗提升至自动调湿搅拌机搅拌，搅拌好的湿料用料斗送至砌块成型机成型，成型好的湿砖坯用链条输送机送到升板机，然后用子母机送到养护窑养护，蒸汽养护后，砖坯达到一定强度时，用子母车从养护窑取出，送到降板机将砖板送到链条输送机，进行码坯，再用叉车送到堆场进行养护，养护合格的产品经过检验合格后出厂。托板通过链条输送机送到混凝土砌块成型机继续使用[69-70]。

（3）主要设备

表 6-1 中列出生产线主要机械设备。养护窑分为钢结构和砖混结构两种，可以根据实际情况及主要产品类型进行设计。养护窑所用蒸汽量较少，可以配备电加热蒸汽发生设备。

表 6-1　主要生产设备

设备名称	用途
三级配料机	自动为三种骨料进行累计计量
微波测湿仪	探测材料含水量，计算所需水量，对水量精确控制
行星式搅拌机 MP2000 型（底料）	用于搅拌原材料
面料行星式搅拌机 MP330 型	用于搅拌面料
砌块成型机	利用各种固体废弃物如：粉煤灰、废水炉渣，矿山废渣、经处理过的生活垃圾和建筑垃圾等、或页岩石、煤矸石等，配以少量比例的水泥、沙、石，生产出各种外墙砌块、内墙砌块、花墙砌块、护堤块、铺地砖、水工砖等各类砌块
二次面料装置	用于面料层布料
程控子母车	用来接取升板机的湿产品，并将其送至养护室，然后从另外的养护室接取养护好的产品，并送至降板机。转运平台用来接转子母车，从升板机到养护室，从养护室至降板机。养护室前自动锁定
降板机	用于接取子母车送来的带有养护好产品的栈板，然后将其降至输送机上进行码垛

续表

设备名称	用途
全自动码垛机	码垛机用主侧夹将两块托板整合一起打包，然后将打包好的砖从托板转移到托架上
缠绕膜打包	有自动上断膜功能及遥控控制功能，使其操作简便、自动经程度高，减少操作人员等特点
穿剑式捆包机	特性：PLC 控制 主机心脏移动行程达 250mm；送带未到位自动检知警示；捆包失败自动检知警示；缺带自动检知警示 P. P 或 PET 带均适用，适合搭配无人化自动包装输送系统
钢托板	生产出来的湿产品由砖机托板送至升板机

（4）主要产品

根据不同原料配方，调整制砖机模具和控制程序，可以生产多种砖型，以下简要介绍几种主要砖型。

① 仿石透水砖

仿石透水砖（如图 6-12 所示）表面酷似花岗岩，可以根据需求进行面层设计，采用天然彩砂作为主要面层材料，高雅时尚、色彩丰富。经过合理面层加工，产生凹凸纹理，具有较强防滑效果。产品抗拉、抗折强度可达到 3.0MPa 以上，适用于车行道、机场、码头、停车场、市政道路、公园、小区、广场等。

仿石透水砖需要体现面层纹理时，加工难度较大，主要是成型设备模具要求精度高，压制难度较大，一般采用二次压制。

图 6-12 仿石透水砖

② 砂基透水砖

砂基透水砖（如图 6-13 所示）是一种新型透水砖，在北京、福建漳州等地已建成生产线，面层布料技术难度较大。利用建筑垃圾和工业固废等固体废弃物经破碎、筛分选料，和高强度水泥、优质砂石通过智能化设备控制组织合理级配，经 240～300kN

高强度激振成型。该产品有与石材一般的质感，弥补了传统透水材料透水但是外观粗糙、容易褪色、品质低、通过孔隙透水易被灰尘堵塞等缺陷，有效解决了“透水与强度”“透水与保水”相矛盾的技术难题，达到高强度、美观度与吸水保水性的完美结合，是为节约自然资源、发展循环经济、实现城市矿产资源再生利用不可多得的新型景观生态材料。

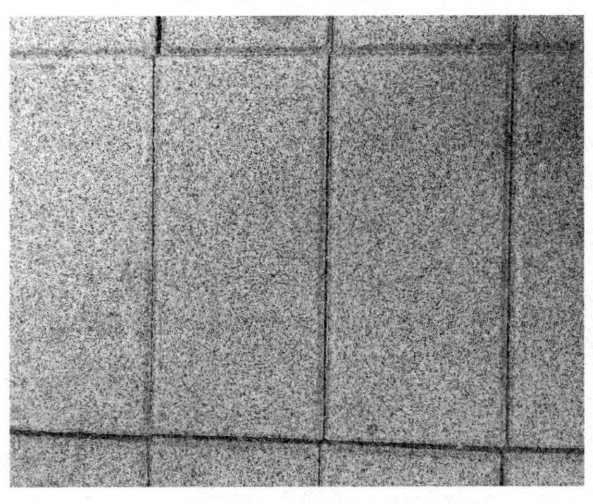

图 6-13　砂基透水砖

砂基透水砖优势突出：

a. 透水速度快：砂基透水砖的透水速度非常快，可达到每平方米透水 780kg/h；

b. 透水时效长：砂基透水砖的透水原理是破坏水的表面张力，砖的表面非常致密，有效挡住灰尘，透水年限可达 30 年以上，是普通透水砖的 10 倍；

c. 防堵塞：砂基透水砖微米级密度吸水、滤水、透水，砖表面非常容易清洗；

d. 防冻融：砖体内毛细管多、细小，水变成冰的容积小，分散度高，膨胀小，无应力集中，因此砖不易被冻坏；

e. 抗重压：砂基透水砖可承受 100t 重压，制品强度可达 C50 以上；

f. 超级耐磨：砖的表面经特殊工艺制作而成，有砂轮般的耐磨性；

g. 具有滤水功能：砂基透水砖在透水的同时具有滤水作用，可以将雨水中的大颗粒杂质过滤在砖体外边；

h. 海绵式基础垫层：透水砖的垫层可搭配使用蓄水材料，蓄水可达到 150～200mm，直接将大量雨水吸存[71]。

砂基透水砖也存在一些问题，研究发现，砂基透水砖的核心技术在面层，传统的二次布料存在着许多缺陷：①面料厚度误差较大，成本较难控制；②彩色面层容易混进底料或底料穿透面料；③二次布料成型周期较长，严重影响产能；④面层容易返碱，局部浮出一些泛白杂色。

③ 幻彩透水砖

幻彩透水砖是一种既可以透水，又能展现多种颜色魅力的透水砖，能够最大限度展示城市景观效果，可以多种块型选择，多种色系搭配组合，多重层次感官设计，见图 6-14 所示。

特点：具有强度高，质感好，抗耐磨，不褪色等特点。

用途：城市道路，小区绿化等。

图 6-14 幻彩透水砖

④ 其他各种规格型号的透水砖（见表 6-2）。

表 6-2 其他规格型号透水砖

规格型号及品种	300×300×50 红色透水砖	300×300×50 黑色透水砖
样品图片		
规格型号及品种	300×300×50 深灰色透水砖	300×300×50 浅灰色透水砖
样品图片		
规格型号及品种	200×100×50 红色透水砖	300×150×50 黑色透水砖
样品图片		

续表

规格型号及品种	300×150×50 红色透水砖	300×150×50 深灰色透水砖
样品图片		
规格型号及品种	300×150×50 浅灰色透水砖	200×400×50 浅灰色植草砖
样品图片		

6.3.3 透水砖的铺装

透水砖主要应用到路面强度要求相对低的路面，比如街道两侧的人行道，居民小区的路面，可以铺装甬道，公园道路等。透水砖的铺装系统可以使雨水渗流到地下，贮存在地下用于杂用或者回灌回地下水，能够缓解雨季来临对城市道路的负担，而且便于施工、维修，这已得到一些领域专家的好评，被用于大量的市政建设。但是，目前还缺乏对透水砖铺装系统比较全面的研究，对于透水砖的抗压强度、透水系数这两个相互矛盾的因素没有很好的解决办法。铺设效果好的透水砖系统可以使雨水通过透水路面渗透到地下，保证下雨不积水；同时由于透水砖表面的粗糙性，在冬天下雪可以防滑[72]。

透水砖的铺装系统由面层到底层，大概是由透水砖、素砂垫层、无砂混凝土、石硝垫层以及原生土层这五部分构成，构成的示意图如图 6-15 所示。

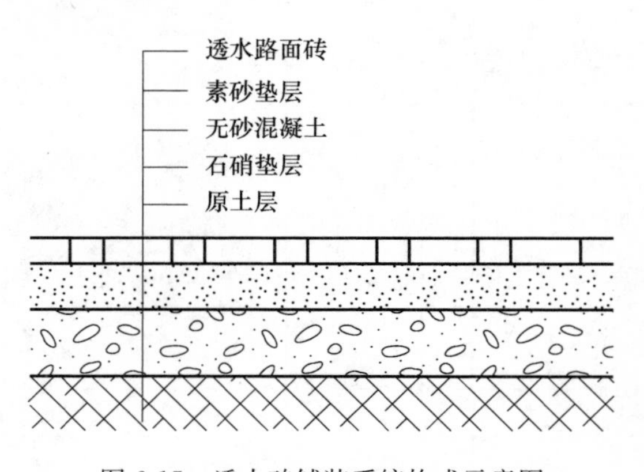

图 6-15 透水砖铺装系统构成示意图

在透水砖铺装系统中，透水砖铺在最上层，当雨水落在地面可以很快地渗透到地下，对雨水没有阻碍作用。素砂垫层、无砂混凝土、石硝垫层这三层构成了透水系统的垫层，其中垫层原材料也可部分使用建筑垃圾再生骨料。为了使垫层有较大的蓄水与渗水能力，应使用非连续级配砂石，具体的级配应根据具体的路面条件进行合理的调配。同时为了让垫层有较大的过滤及处理从透水砖表面渗透下来的污染物，在非连续级配砂石的选择与调配上要有严格的要求。而且由于垫层的非连续级配，使得垫层的孔隙较大，当气温下降到零摄氏度以下，在垫层的水没有及时渗走的情况下，有足够的空间让冰膨胀，降低透水路面隆起的危险。

在实际的透水铺装系统下，垫层中的素砂垫层、无砂混凝土、石硝垫层各层的厚度应根据具体的原生土层进行调配。原生土层的透水性能对透水铺装系统的设计有直接的影响，在各层结构条件相同的情况下，原生土层的渗透系数越大，雨水渗透到地下的速度越快，铺装系统消纳的雨水量就多，不易产生径流。原生土层的渗透性与土壤的类型和密实程度有很大的关系：土壤的密实度越大，其渗透性就越差，黏土的渗透性最差。如果在实际施工过程中遇到了黏土层，对于局部小范围的黏土，可以采用换土法解决渗透性差的问题；而对于大范围黏土层，就要通过改变透水铺装系统的垫层解决透水性问题，使垫层能够储存雨水[73-74]。

6.3.4 一种新型透水砖——气候砖

如今极端天气发生的频率越来越高，许多城市为应对显得很被动，比如每逢暴雨，面对内涝，许多城市除了归因于老旧的排涝设施之外，能做的并不多。

2014 年，哥本哈根建筑公司“第三自然”（THIRDNATURE）收到了 Realdania 基金会的资助，参与了一个三年的可持续发展计划。第三自然研发了一款可以铺设在人行道上的新型透水砖“气候砖”[75]。

气候砖其实是一整套雨水收集和分流系统。砖面多孔，降水进入地下储水器，一部分被直接用于绿化带植物的灌溉，一部分存储在多功能的“水银行”中，有的通过蒸腾调节街道的微气候，或是在冬季缓解土壤盐碱化（见图 6-16）。根据第三自然公布的数据，测试阶段，面对暴雨，气候砖可以消化 30%的降水，这能在一定程度上缓解暴雨对城市排涝设施的压力。现阶段，正在努力追求技术突破，利用建筑垃圾和工业固废制备新型环保气候砖。相信不久的未来，有望将这种新型气候砖大规模推向市场。

图 6-16 新型透水砖——气候砖

6.4 标准砖与砌块

6.4.1 建筑垃圾及工业固废制备标准砖

目前，市场上传统的烧结黏土标准红砖尺寸为 240mm×115mm×53mm，质量为 1800～1900kg/m^3，利用建筑垃圾及工业固废所制备的标砖尺寸不变，但质量在原有标准砖质量范围基础上波动。原材料组成主要包括水泥、生石灰、粉煤灰、矿渣、水、建筑垃圾再生骨料等。

一般选择 42.5 级普通硅酸盐水泥作为制砖用的胶凝材料，选用精制优质白灰粉作为次要胶凝材料，掺量一般控制在水泥量的 3%，其他材料选用粉煤灰、矿渣；用水符合 JGJ 63—890 中对混凝土用水的要求；建筑垃圾骨料采用的是旧楼拆除物，主要有废混凝土、废砖块、废陶瓷玻璃片及砂浆片等。利用建筑垃圾及工业固废制备标准砖既能实现资源的有效利用，又能迎合市场的需求。通过调节工业固体废弃物的掺入量，建筑垃圾再生骨料的颗粒粒径、级配，水灰比，外加剂种类与掺量制备出性能与技术指标不低于甚至高于传统烧结黏土砖。图 6-17 为标砖的模具[76-77]。

(a)

(b)

图 6-17　标砖模具、外观

6.4.2　建筑垃圾及工业固废制备混凝土砌块

（1）混凝土砌块简介

它以水泥、砂、豆石（或采用经过破碎的崖石、卵石或工业固体废弃物如煤渣、矿渣）、建筑垃圾再生骨料为原料。它具有空心率高、质量好、成本低、不易风化等优点。它不用黏土、不与农田争地、不用燃料、节约能源，靠山利用崖石，靠河利用砂石，靠城市工矿利用建筑垃圾和工业废渣，原料丰富，来源广泛。它的生产工艺简便，建厂投资少见效快，可以大规模生产，广大农村和城市都适合。使用它不但设计先进，适用性广，施工操作简便，而且还可以使工期缩短，造价降低，混凝土砌块机在我国已经开始普遍并越来越显示出它的广阔前景。这种设备也就是大家所说的免烧砖机，也就是说生产出来的水泥砖或空心砌块，不需要烧结，通过短时间的晾晒就可以出厂，投资少、见效快，是目前很多投资者投资的热门行业。

（2）混凝土砌块成型设备

根据混凝土砌块机分类标准的不同，可以分为不同的类型，以下简单叙述几种。根据砖块的类型分为：标砖、空心砖和多孔砖；根据成型原理不同分为：机械振动式和液压成型式；根据自动化程度可以分为：手动混凝土砌块机、半自动混凝土砌块机和全自动混凝土砌块机。

有以下几种代表机型：

① 固定空芯砌块成型机；

② 移动空芯砌块成型机；

③ QT（4）6-15 型混凝土砌块成型机；

④ QT（8，10）12-15 型混凝土砌块成型机；

⑤ QTJ4-30 型砌块生产线。

（3）依托混凝土空心砌块构建产业链

利用建筑垃圾和工业固废制备混凝土空心砌块，其中标准砌块规格为 390mm×190mm×190mm，用以大规模生产新型环保墙材，使建筑产业化，而建筑产业化的核心内涵是构建一个完整的产业链，利用建筑垃圾和工业固废生产的混凝土空心砌块可以成为工业化的一个基本建材，依托混凝土空心砌块构建的产业链结构为生产工业化→质量匀质化→产品多样化→砌筑标准化→现场装配化→建筑绿色化[78]，如图 6-18 所示。

(a) 生产工业化　(b) 质量匀质化

(c) 产品多样化　(d) 砌筑标准化

(e) 现场装配化　(f) 建筑绿色化

图 6-18　混凝土空心砌块构建产业链

6.5 路沿石

6.5.1 定义及分类

（1）定义

路沿石，是指用石料或者混凝土浇注成型的条块状物体用在路面边缘的界石，路沿石也称道牙石或路边石、路牙石。路沿石是在路面上区分车行道、人行道、绿地、隔离带和道路其他部分的界线，起到保障行人、车辆交通安全和保证路面边缘整齐的作用。现阶段，为了响应国家节能减排方针政策，一大批企业和厂家开始利用工业固体废弃物和建筑垃圾制备新型环保型路沿石，利用这些固体废弃物所制备的路沿石，产品外形美观大方，强度和各项性能指标也符合建筑及市政用路沿石的各项标准。经济型和实用性较强，随着城市面貌的日新月异，美化城市空间已成为了当前的迫切需求[79-81]。新型、科学的彩色路沿石问世，奏响了美化都市生活空间的新乐章，以其高强度、高质感、抗耐磨、不褪色及流畅的线性等特点，已成了当今都市空间的一支主旋律。图 6-19 所示为利用建筑垃圾制备的彩色路沿石。

(a) (b)

图 6-19 利用建筑垃圾制备的彩色路沿石

（2）分类

① 路沿石根据用料的不同，一般情况下分为两种：混凝土路沿石和石材路沿石；

② 根据路沿石的截面尺寸可以分为：H 型路沿石、T 型路沿石、R 型路沿石、F 型路沿石、TF 型立沿石和 P 型平沿石；

③ 按路沿石的线型分为：曲线型路沿石、直线型路沿石。火烧板曲线型路沿石可配合直线型路沿石使用。

6.5.2 路沿石的制作

现有的路沿石大部分为预制混凝土制品，由塑料模具浇注而成，也有部分为提高整体美观和强度而使用花岗岩路沿石。利用建筑垃圾和工业固废制备的路沿石有两种：一种为传统人工制作的塑性再生混凝土路沿石，一种为机械制作的干硬性再生混凝土路沿石。由于目前没有明确的针对再生混凝土配比的相关规范标准，因此在制作建筑垃圾再生骨料混凝土路沿石的过程中，配合比主要依据普通混凝土配合比相关要求，经多次试验，在考虑再生骨料吸水率大的前提下，满足和易性要求之后确定的成熟配合比，并且在生产过程中也需要根据再生骨料的差异性进行适当调整，人工制作的再生混凝土路沿石为塑性混凝土，坍落度为10～90mm，一般水泥使用量较小，强度较低。在塑性混凝土制作过程中，首先将再生骨料、水泥进行搅拌，均匀后加入水继续搅拌，混凝土入模前需要在模具里抹上润滑油。然后将其放到振动平台上振动均匀，排出混凝土内气泡，振动完毕之后逐个紧靠排列放置在平整地面上进行蓄水养护，3～7d之后即可脱模（夏天3d、春秋天5d、冬天7～8d）。脱模时将模具反过来，用橡胶锤在模具边缘轻轻敲打，然后在有韧性的物体上（如汽车轮胎）轻轻一磕就可完全脱落。塑性再生混凝土由于在振动过程中水泥浆体溢出包裹在路缘石表面，因此不用对表面另行处理，只需要适当抹面以保证其平整度。人工制作塑性再生混凝土路沿石的流程如图6-20（a）所示。

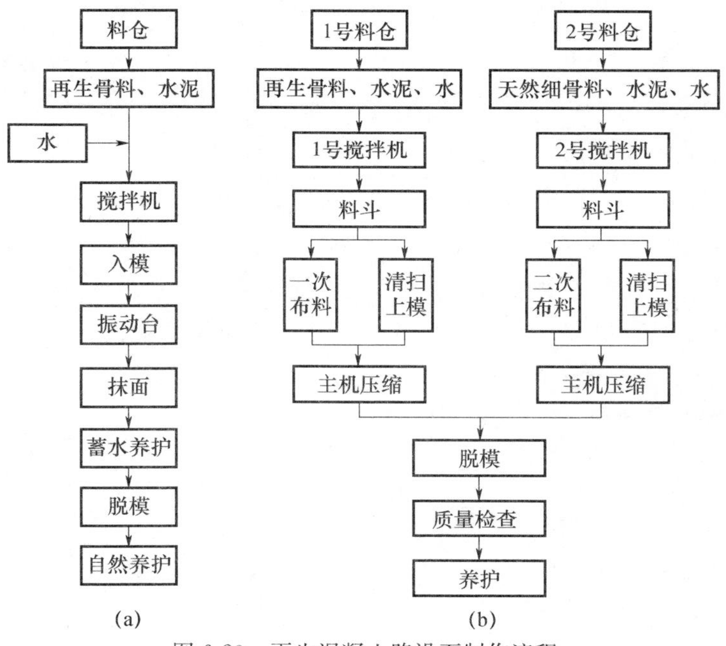

图6-20 再生混凝土路沿石制作流程

机械制作的再生混凝土路沿石为干硬性混凝土，坍落度小于10mm，一般水灰比较小。与塑性混凝土相比，干硬性混凝土在成型时需要进行更多的振动和压实，因此往往生产出的路沿石只需要较少的水泥浆体即可起到较高黏结作用，并且可以做到混凝土路沿石成型后可即可脱模。除此之外，机械制作路沿石需要布料两次，这主要是因为干硬性再生混凝土路沿石表面粗糙，面层使用天然细骨料有助于改善路沿石表面光滑度，使其更加美观，常被用于市政工程中（见图 6-21），并且干硬性再生混凝土成型快，压制结束既可脱模养护，提高了模板的利用率。机械制作干硬性再生混凝土路沿石的流程如图 6-20（b）所示。

图 6-21　再生混凝土路沿石

6.5.3　路沿石的安装

路沿石的形式有立式、斜式和平式等。从路面基层挖槽、安装、路沿石背覆加固介绍了路沿石的施工工艺，并总结了路沿石的质量要求及注意事项，以期保证施工质量，提高道路美观性。

（1）材质要求。路沿石石料采用质地均匀的天然麻石机械切削加工而成，石材的强度必须合格，要求其色泽均匀，表面无裂纹，棱角完整，外观一致，无明显斑点、色差，不允许有风化现象，装卸时不准摔、砸、撞、碰，以免造成损伤。

（2）加工要求。按统一长度进行下料，外露面必须机切抛光，长度允许误差在±20mm 范围内，宽度、厚度、高度允许误差在±2mm 范围内。

（3）施工要求

① 路沿石必须挂通线进行施工，按侧平面顶面示高标线绷紧，按线码砌侧平石，侧平石要安正，切忌前仰后合；侧面顶线顺直圆滑平顺，无高低错牙现象；平面无上下错台、内外错牙现象；

② 路沿石必须座浆砌筑，座浆必须密实，严禁塞缝砌筑；

③ 路沿石接缝处错位不超过 1mm；侧石和平石必须在中间均匀错缝；

④ 路沿石侧平石应保证尺寸和光洁度满足设计要求。外观美观，对弯道部分侧石应按设计半径专门加工弯道石，砌筑时保证线形流畅、圆顺、拼缝紧密。弧形侧石必须人工精凿后抛光处理；

⑤ 路沿石后背应还土夯实，夯实宽度不小于 50mm，厚度不小于 15mm；

⑥ 路沿石勾缝：勾缝时必须再挂线，把侧石缝内的杂物剔除干净，用水润湿，然后用1：2.5水泥砂浆灌缝填实勾干；

⑦ 侧平石勾缝、安砌后适当浇水养护。

6.6 效益分析

6.6.1 经济效益分析

（1）产量需求

每年按300天双班计算，每年生产15万立方390mm×190mm×190mm空心砌块的墙体砖，消耗约12万吨建筑垃圾。

（2）产量分析

从需求生产390mm×190mm×190mm空心砌块来看，选用（欧版海格力斯）QT15-15型全自动生产线生产或半自动生产线。每模15块，每22秒一个循环，每天单线双班16小时，产量分析如下：

① 每天可生产：15块/模×2.7×60min×16h×95%（劳动生产效率）=36936块

② 每年300天产量为：36936块/天×300天=1108080块

③ 每年300天可生产：1108080块×0.39×0.19×0.19=156007m^3

综上，利用一条QT15-15型全自动生产线或半自动生产线生产390×190×190mm空心砌块，每年按300天双班计算：15.6万立方，满足需求要求。

每立方71块390mm×190mm×190mm空心砌块。每块质量16公斤（其中用建筑垃圾约70%）所有共消耗建筑垃圾：15.6×71×0.016×70%=12.4万吨（约12万吨）。

（3）成本分析

成本分析参考福建卓越鸿昌环保智能装备股份有限公司所提供的砌块成型生产线相关数据。下表列举了生产标砖、空心砖、仿石透水砖的直接材料成本，见表6-3。海格力士QT15-15全自动生产线生产成本，见表6-4。U18-15型自动生产线生产成本，见表6-5。

表6-3 直接材料成本

	砖型	标砖（MU10.0）	空心砖MU 10.0（空心率45%）	仿石透水砖（MU40.0）
1. 每天按单班8小时计算； 2. 空心砖比重约为1.2吨/m^3，地面砖比重约为2.2吨/m^3； 3. 材料可以加入粉煤灰、矿渣、煤渣等工业废渣，但建议先进行理化分析，再根据成分进行理化分析，再根据成分进行配比； 4. 生产彩色地砖，以5mm彩色层为例，每平方材料成本增加4元（绿、蓝颜色增加材料成本6元）； 注：表内价格为参考价，请参照当地价格进行换算	原材料配比 水泥：砂：石屑	1：6.5：6.5	1：2：4	1：2：4
	水泥500元/吨	100kg50元	175kg87.50元	275kg137.5元
	再生砂45元/m^3	650kg18.3元	350kg9.84元	550kg16.1元
	再生粗骨料45元/m^3	650kg18.3元	700kg19.65元	1100kg31.95元
	材料成本合计	86.6元/m^3	116.99元/m^3	底料：11.59元/m^2 合成仿石面料：20元/m^2

表 6-4　海格力士 QT15-15 全自动生产线

	砖型		标砖	空心砖	仿石透水砖
直接生产成本	工资：4 人（包括检验打包、叉车司机），每班 150 元/人		2.13 元/m^3	3.14 元/m^3	0.23 元/m^2
	折旧费：按投资 600 万计，五年折旧		14.24 元/m^3	20.94 元/m^3	1.54 元/m^2
	模具费用：使用 10 万次计	标砖、地砖：3.5 万	2.988 元/m^3	4.221 元/m^3	0.33 元/m^2
		空心砖：4.2 万			
	能耗：按 400 度/小时，1 元/度		11.4 元/m^3	16.75 元/m^3	1.25 元/m^2
	维修费		0.30 元/m^3	0.30 元/m^3	0.019 元/m^2
	小计		31.02 元/m^3	45.351 元/m^3	3.352 元/m^2
	累计（材料成本合计＋其他）		117.62 元/m^3	162.34 元/m^3	34.972 元/m^2

表 6-5　U18-15 型自动生产线

	砖型		标砖	空心砖	仿石透水砖
直接生产成本	工资：4 人（包括检验打包、叉车司机），每班 150 元/人		2.12 元/m^3	3.34 元/m^3	0.23 元/m^2
	折旧费：按投资 300 万计，五年折旧		7.07 元/m^3	11.16 元/m^3	1.15 元/m^2
	模具费用：使用 10 万次计	标砖、地砖：4.0 万	2.37 元/m^3	4.02 元/m^3	0.33 元/m^2
		空心砖：5 万			
	能耗：按 80 度/小时，1 元/度		2.26 元/m^3	3.57 元/m^3	0.37 元/m^2
	维修费		0.30 元/m^3	0.30 元/m^3	0.019 元/m^2
	小计		14.12 元/m^3	22.39 元/m^3	2.099 元/m^2
	累计（材料成本合计＋其他）		100.72 元/m^3	139.38 元/m^3	33.69 元/m^2

以上所列成本分析的核算方式与机械性能有关，以上数据仅供参考。因此利用建筑垃圾制砖有广阔的市场前景，生产原料低廉，效益显著。同时在废旧建筑物拆除后，生产厂家可以利用移动式设备就地取材，进行相关产品的生产，铺设在附近新建的居民小区，或其他公园、广场等公共设施，这就相应地减少了原料及产品的运输费用，又降低了成本。

6.6.2　社会效益和环境效益分析

现以利用建筑垃圾和工业固废制备透水砖为例进行社会和环境效益分析。

利用建筑垃圾制备透水砖会带来很大的社会效益和环境效益。作为一种新型的生态环境材料，由于使用的是废弃的建筑垃圾做原材料，变废为宝，是解决建筑垃圾和工业废渣的重要方法，也起到了使非再生资源循环利用的作用，减少了建筑垃圾对环境的污染，因此具有良好的环保效益，得到政府政策方面优惠支持。其产生的社会及环境效益主要体现在以下几个方面：

（1）由于透水砖具有多孔的结构，具有良好的吸音降嘈效果，当行驶的机动车以及生产、生活产生的噪声进入这种多孔的透水材料里，其材料本身特有的结构会吸纳、消融部分声音，声波在其结构里相互影响、相互缓冲而消失，并随着透水性材料制备技术的不断成熟，其吸音降噪的效果会越来越好。同时透水砖具有比较突出的耐磨特性和防滑特性，能够防止行人和车辆打滑，从而对车辆行驶及街道的行人有一定的安全性。

（2）增加城市的透水、透气面积，加强了地表与空气的热量和水分交换，起到调节城市气候、降低地表温度的作用，对城市“热岛现象”起到一定的缓解作用，能使地表降水渗入地下，增加土壤中的水分，而且土壤中的有机微生物能够净化雨水，改善地面植物的生长条件和调整生态平衡。在一般情况下施工铺设的混凝土路面既不透水也不透气，属于封闭的铺装路面，这样在雨天很容易造成地面积水，雨水量大进而影响城市的交通，甚至会形成内涝，对城市的疏浚系统造成很大的负担，还会对江河造成一定的污染。而且，由于是封闭的路面系统，对城市的地下水资源没能够进行有效的补充，地表的水气交换受到阻断，从而影响了城市的生态环境，使人们的身体健康和生活质量的提高都受到直接的影响，在夏季更会使城市的“热岛效应”进一步地加剧。

（3）透水砖的多孔结构能够充分发挥透水性路面材料的“蓄水池”功能，可以使雨水来补充地下水的不足，解决人们的生活饮水问题，同时还会减轻大雨或者是在雨季引发的洪涝灾害，雨水通过透水系统渗入地下，在这个过程中还会得到过滤净化，而且地下的水资源还可以通过该透水性路面对城市环境起到调温、调湿、减尘的作用。

（4）能够减轻降雨季节道路排水系统的负担，能调节城市排水能力，减少地表径流，增加地下水的含量提高城市防洪能力，减轻渗水处理系统的负荷，明显降低暴雨对城市水体的污染。

（5）由于地下水超量提取，导致地下水位严重下降。透水砖能将大量雨水补给地下，促进地下水位回升，也防止海水倒灌和地表下陷，保护了生态环境。而将废弃混凝土破碎过程中产生的粉尘和细骨料加以有效地利用，经过机械力研磨作用制备成再生微粉，以取代部分水泥的使用，可以降低水泥的生产和使用成本，使建筑废弃物得到完全综合的利用，也改善了生态环境，节约了能源资源。

7 文献导读及专利介绍

文献导读

1.《混凝土砌块（砖）行业应考虑涉足湿法成型产品领域——赴欧洲小型混凝土制品湿法成型技术考察报告》作者：杜建东

主要简介：中国建筑砌块协会组团先后赴英国、爱尔兰、德国、法国和捷克，对小型混凝土制品湿法成型工艺及设备进行专项技术考察活动。作者把国外湿法工艺成型小型混凝土制品的所见所闻进行梳理和分析，目的是使国内混凝土砌块（砖）生产企业管理者和技术人员能对湿法成型小型混凝土制品有一个较为全面的了解，企业可开拓自己的产品品种和应用领域，让建筑、市政、水利、园林设计院的设计师们能够发挥创意空间。

2.《一种新型透水砖——气候砖》作者：李瑜

主要简介：2014 年，哥本哈根建筑公司“第三自然”（THIRDNATURE）收到了 Realdania 基金会的资助，参与了一个三年的可持续发展计划。第三自然研发了一款可以铺设在人行道上的新型透水砖“气候砖”。

3.《硅灰和铁尾矿粉复掺对水泥基透水砖强度和透水性的影响研究》

作者：刘朋，于跃，王桂花，周记国

主要简介：透水砖作为海绵城市透水性铺装材料，在实际工程应用时经常出现由于其强度和透水性不足导致工程质量问题，造成很大的经济损失。为此，本文在前期试验成果的基础上，研究硅灰和铁尾矿粉两种改性材料采用单掺和复掺的形式对透水砖强度和透水性的影响，以得到透水性好、强度高的透水砖。

4.《建筑垃圾制砖生产工艺及其效益分析》作者：梁洪波

主要简介：邯郸市利用建筑垃圾生产新型墙材项目，从调查研究、筹备建厂、投入生产到市场应用历时三年。国务院发展研究中心副主任刘世锦到邯郸考察时说：“邯砖”经验不亚于“邯钢”经验，符合循环经济的发展战略，为城市建筑垃圾资源化找出了一条切实可行的路子。本文介绍建筑垃圾制砖生产工艺及其经济效益和社会效益。

5.《混凝土透水砖在城市铺装中的应用及前景》作者：刘贤平

主要简介：随着国内外对环境友好产品的需求不断增长，特别是面临城市水资源的不断匮乏以及城市环境人性化的追求，一些新技术新产品正逐渐受到人们的青睐，其中混凝土透水砖技术的研发引起了研究混凝土制品的学者、专家和社会的关注，因此激发了不少企业家投资生产的欲望。本文阐述了制备混凝土透水砖的诸多影响因素，城市铺装材料的应用前景以及铺装工艺设计中的注意事项以供交流、探讨。

6.《一种自动化制砖生产线（免烧结）工艺方案及产品介绍》作者：汝莉莉，王德永

主要简介：介绍一种能够同时生产透水砖、砌块类产品的工艺方案，通过市场调研，提供主要生产设备方案，并简要介绍几类具有市场潜力的产品类型，供投资者参考。

7.《砌块成型机振动方式研究》作者：姚传富

主要简介：由于对砌块成型机振动器布置缺乏深入研究，振动器布置不科学、不合理，导致生产的砌块存在缺角、密实度不均等质量问题。深入探讨了砌块成型的物理过程，揭示了砌块成型的内在规律，提出了科学合理的振动器布置方式，能够彻底解决上述质量技术问题。

8.《印度制造的混凝土砌块（砖）成型机正在推向国际市场》

主要简介：五至十五年前，包括中国在内的混凝土砌块（砖）成型机供应商，都将印度当作最有潜力的市场，有些国际供应商还在印度设立了分公司。最近，市场形势好像出现一些变化，少数印度自己的混凝土砌块（砖）成型机正在推向国际市场。

9.《拼装式混凝土路基块首次在砌块成型机上实现干法成型生产》作者：杜建东

主要简介：2017 年 6 月下旬，在沈阳玛莎新型建筑材料有限公司的混凝土砌块（砖）生产线上，采用干硬性混凝土成型、即时脱膜的混凝土路基块获试产成功，并立即转入工业化批量生产。这种拼装式混凝土路基块，2014 年由长春市市政设计院研发成功，每块约 1 平方米、厚约 30 厘米，四周侧面均呈斜面、有凹槽；在道路施工现场替代“二灰碎石”层，采用嵌挤方式装配、吊装施工。该项技术的优点主要是施工速度快，将原“二灰石”层施工所需的 28 天缩短到了 1 周，这在东北地区非常关键。

10.《干硬性混凝土生态砌块的制备及性能研究》作者：刘畅，应世明，李仲海，李传春，李跃祥

主要简介：鹤大高速公路项目是交通运输部“资源节约循环利用”科技示范工程和“绿色循环低碳”公路主题性项目示范工程，是吉林省第一个“双示范”项目。随着国家生态文明建设的推进，鹤大高速公路基于绿色交通的理念，在公路两侧边坡采用生态砌块进行防护，达到既稳定边坡又生态绿化的目的。与普通混凝土相比，干硬性混凝土具有用水量小、早强、快硬、密实性好等特点，并且采用全自动砌块成型机可实现工厂化生产，可满足大规模公路工程对护坡砌块产品的需要。为了进一步促进干硬性混凝土生态砌块在公路护坡中的应用，经试验研究探讨胶凝材料用量、砂率、粉煤灰掺量 3 个因素对干硬性混凝土生态砌块性能的影响，并通过 SEM 观察了生态砌块内部微观结构。

专利介绍

1. 名称：混凝土砌块砖机用的搅拌装置　发明人：陈伟星

专利介绍：本发明公开了一种混凝土砌块砖机用的搅拌装置，包括：搅拌桶、搅拌桶内部设有转动杆、转动杆一端上设有旋转电机、转动杆上设有若干凹槽、转动杆外围经凹槽连接有搅拌圆环，所述搅拌圆环的内圆周上设有若干与凹槽滑动连接的凸起、搅拌圆环的外圆周上设有若干搅拌杆、若干搅拌杆远离搅拌圆环、圆心的一端上均设有搅拌刮板、搅拌刮板上均设有若干通孔，所述凸起上均设有直线电机。本发明具有拌料搅拌较均匀的优点。

2. 名称：一种具有行程补偿机构的压砖机　发明人：温怡彰，仇家强，邓耀顺，杨学先

专利介绍：本实用新型公开了一种具有行程补偿机构的压砖机，所述压砖机包括上梁、动梁、下梁和主油缸，所述行程补偿机构设于动梁和主油缸之间。所述行程补偿机构包括上齿板和下齿板，所述上齿板下表面设有第一凸齿，所述下齿板上表面设有第二凸齿，所述上齿板或下齿板能够受驱动地水平移动，从而使所述第一凸齿和第二凸齿在相互交错啮合和齿顶相互抵接的状态之间切换，以改变动梁与主油缸的距离。本实用新型由行程补偿机构补偿空行程，使主油缸的工作行程减小，同时减小了主油缸内油液的容积，降低了功耗。

3. 名称：一种蒸压砖自动液压机废料回收装置　发明人：王克明

专利介绍：本实用新型提供了一种蒸压砖自动液压机废料回收装置，涉及蒸压砖生产技术领域。该废料回收装置包括：废料传送装置以及位于所述废料传送装置上方的压砖机废料出口端和砖坯输送机废料落料端，所述压砖机废料出口端的废料和所述砖坯输送机废料落料端的落料能够通过所述废料传送装置输送至原材料进料端回收利用。本实用新型提供的蒸压砖自动液压机废料回收装置，能够回收破损蒸压砖以及压砖机废料残余，其结构简单、操作方便，能够有效避免资源的浪费，无须人工清扫废料，能够对破损蒸压砖以及压砖机废料残余进行充分回收并合理利用、降低经营成本，具有较高的实用价值和研究意义。

4. 名称：竹砖机托板　发明人：钟寿财

专利介绍：本实用新型公开了一种竹砖机托板，包括托板主体，所述托板主体的左右两端分别设有两个第一凹槽和两个第二凹槽，所述第一凹槽和第二凹槽内分别设有第一锁紧装置和第二锁紧装置，所述托板主体的左右两端均设有两个限位装置。所述第一锁紧装置包括设置于第一凹槽内的第一转轴，所述第一转轴的上下两端分别与第一凹槽顶面和底部固定连接，所述第一转轴上转动套接有第一移动板，所述第一移动板上设有左右连通的开口，所述开口的前后两端内壁均设有通孔。本实用新型通过

设置第一锁紧机构和第二锁紧机构，使两块竹砖机托板里连接稳固，使竹砖机托板上所放置的物体不易掉落。

5. 名称：码砖机及砖块生产系统　发明人：于志婷

专利介绍：本发明提供了一种码砖机及砖块生产系统，涉及砖块生产设备技术领域，该码砖机包括上料支撑机构、上料输送机构、接料机构、接料升降机构、夹砖机构和夹砖输送机构，上料输送机构与上料支撑机构传动连接；接料升降机构与接料机构传动连接；夹砖输送机构与夹砖机构传动连接，夹砖输送机构用于带动夹砖机构在上料支撑机构和接料机构之间运动；上料支撑机构包括支撑台、转动台和转动驱动组件，上料输送机构与支撑台传动连接，转动驱动组件安装于支撑台，并与转动台传动连接，转动驱动组件用驱动转动台绕竖直轴线转动。本发明提供的码砖机缓解了相关技术中码砖机操作复杂的技术问题。

6. 名称：建筑垃圾分选装置　发明人：卢洪波、廖清泉

专利介绍：本实用新型公开了一种建筑垃圾分选装置，包括水槽、水槽一端上方设有接料斗。接料斗的底部浸入水槽的水面下，水槽另一端设有轻物质传送装置，接料斗与轻物质传送装置之间的水槽内设有拨料装置，轻物质传送装置表面垂直设置有刮料毛刷，水槽的侧壁上间隔一段高度设有一组电动伸缩隔板，伸缩隔板上方的水槽侧壁上设有电动推板，与推板相对的水槽一侧开设门，门与水槽之间设有密封条。本实用新型通过水选将木板、塑料等轻物质与砂石等重物质分离，重物质沉积在水槽底部，重物质沉积到一定量，电动伸缩隔板伸出将水槽内水与沉积物隔离开，通过电动推板将沉积物推出水槽，此过程中，电动隔板上方继续水选分离作业，工作效率高。

7. 名称：一种改进型轻物质浮选机清扫装置　发明人：廖清泉，卢洪波，李玲任，宋世腾

专利介绍：本实用新型涉及废物处理设备领域，一种改进型轻物质浮选机清扫装置，包括蜗轮蜗杆减速机、电机、主传动轴、钢网、条形毛刷、角钢、双节距滚子链、外球面球轴承、双节距传动链轮、弹性柱销联轴器、涨紧轴总成、改向轴总成。所述的电机和蜗轮蜗杆减速机固定连接，蜗轮蜗杆减速机通过弹性柱销联轴器和主传动轴一端连接，双节距滚子链一端通过链轮、平键和主传动轴连接，双节距滚子链另一端通过链轮、平键和涨紧轴总成、改向轴总成连接，双节距滚子链上固定若干组含螺栓孔的弯幅板，弯幅板上均固定连接有 L 形角钢，角钢上均固定连接条形毛刷和钢网。本实用新型具有杂质清理更干净、不堵塞、机器寿命长、水资源消耗更低的优点。

8. 名称：一种节能墙体生产线　发明人：傅志昌，李晓颖，章贤献，李文生

专利介绍：本实用新型提供一种节能墙体生产线，包括依次衔接的第一输送机、第二输送机、第三输送机和砌墙机，所述第二输送机和所述第三输送机之间的衔接位置处设置有第一侧面抹浆机，所述砌墙机的出料端设置有第一升降机，所述第一升降机旁设置有顶面抹浆机。使用时让第二输送机的输送速度快于第一输送机和第三输送

机，砖块从第一输送机进入第二输送机时相邻两个砖块之间的间距会被拉开，便于在砖块侧面抹浆，而砖块从第二输送机进入第三输送机时相邻两个砖块之间会被相对推挤压紧，进而相互黏合在一起实现同一层砖块的砌筑，然后通过顶面抹浆机和第一升降机的相互配合实现相邻两层砖块的砌筑，生产效率相对较高。

9. 名称：一种干垒砌筑的挡土墙　发明人：傅志昌，张洪春，林传忍，李世清，章贤献

本实用新型提供一种干垒砌筑的挡土墙，包括干垒层，所述干垒层包括下层单元和上层单元，所述下层单元包括下砖体，所述上层单元上砖体，所述下砖体和所述上砖体的水平截面都呈等腰直角三角形，同一所述上层单元上的上尖部的朝向相同，同一所述下层单元上的下尖部依次交替位于对应的所述上尖部正下方和对应的两个相邻的所述上砖体之间的连接位置的正下方，相邻两个所述干垒层上的所述上尖部相向布置或相背布置，间隔有一个所述干垒层的两个所述干垒层上的所述上尖部的朝向相同。本实用新型的挡土墙通过下砖块来连接上砖块并对上砖块形成支撑，同时可在两个干垒层之间形成多孔洞，在确保实现防止水土流失的挡土功能的前提下，绿化面积相对较大。

10. 名称：一种路沿石成型模具　发明人：曹映辉，胡漪，曹映皓，李宏，金均让，张秦州，尹燕玲，李婷，胡澜

本实用新型公开了一种路沿石成型模具，包括面板、面板的中间开设有成型腔 A 和成型腔 B。成型腔 A 的一侧设有活动板 A，成型腔 B 的一侧设有活动板 B，活动板 A 的外侧连接有驱动装置 A，驱动装置 A 的两侧还分别设有限位装置 A 和导向装置 A；活动板 B 的外侧连接有驱动装置 B，驱动装置 B 的两侧还分别设有限位装置 B 和导向装置 B，成型腔 A 处设有便于活动板 A 往复运动的导向腔 A；成型腔 B 处设有便于活动板 B 往复运动的导向腔 B。既可以生产薄面料层的路沿石，又可以生产厚面料层的路沿石。

参考文献

[1] 何国希．砖瓦发展历史及展望［J］．砖瓦，2017（7）：62-64.

[2] 田延平．中国砖瓦的兴衰与新时期的转型发展［J］．砖瓦世界，2012（10）：3-8.

[3] 梁嘉琪．中国砖瓦工业步入转型期的思考［J］．砖瓦，2012（8）：27-33

[4] 2018年中国砖瓦行业环保形势分析报告［J］．砖瓦世界，2018（12）：30-32.

[5] 陈家珑．建筑废弃物的资源化利用与再生工艺［J］．混凝土世界，2010（9）：44-49.

[6] 张为堂．建筑垃圾的循环利用研究现状与对策［J］．山西建筑，2008（6）：350-351.

[7] 周文娟，陈家珑，路宏波，周理安．我国建筑废物处理利用现状及发展趋势［J］．中国资源综合利用，2008，26（8）：22-24.

[8] 石峰，宁利中，刘晓峰，等．建筑固体废弃物资源化综合利用［J］．水利资源与水工程学报，2007，18（5）：39-41.

[9] 闫振甲，何艳君．免烧砖生产实用技术［M］．北京：化学工业出版社，2009.

[10] 孙书晶．浅谈工业固体废弃物在建筑材料中的应用［J］．科技资讯，2017（9）：76-77.

[11] 罗博．工业固体废弃物在建材中的应用研究［J］．资源节约与环保，2013，（6）：130-131.

[12] 孙坚，耿春雷，张作泰，王秀腾，许零．工业固体废弃物资源综合利用技术现状［J］．材料导报，2012（11）：105-109.

[13] 王安理，李建政，马秀勤．新型尾矿无害化处理工艺及实践［J］．中国矿业，2010（9）：63-65.

[14] 李云霞，李秋义，赵铁军．再生骨料与再生混凝土的研究进展［J］．青岛理工大学学报，2005（5）：16-19.

[15] 杨永宁．再生骨料与天然骨料的比较［J］．四川建材，2014，40（1）：34-36.

[16] 赵永林．水玻璃激发矿渣超细粉胶凝材料的形成及水化机理研究［D］．西安：西安建筑科技大学，2007.

[17] 史才军，巴维尔·克利文科，戴拉·罗伊．碱-激发水泥和混凝土［M］．史才军，郑克仁，译．北京：化学工业出版社，2008.

[18] W. K. W. Lee，J. S. J. V. Deventer. Chemical interactions between siliceous aggregates and low-CaO alkali-activated cements［J］. Cement and Concrete Research，2007（37）：844-855.

[19] D. Hardjtito，S. E. Wallah，D. M. J. Sumajouw，et al. On the Development of Fly Ash-Based Geopolymer Concrete［J］. ACI Materials Journal/November-December，2004：467-472.

[20] 中华人民共和国住房和城乡建设部．混凝土外加剂应用技术规范：GB 50119—2013［S］．北京：中国建筑工业出版社，2014：3.

[21] 肖会勇．移动式破碎筛分设备在国外建筑垃圾处理中的应用［J］．建材与装饰，2015（11）：28-30.

[22] 任虎存．建筑垃圾回收处理技术及破碎装备的设计研究［D］．济南：山东大学，2013.

[23] 胡智钢，韦佳．移动式破碎筛分设备在建筑垃圾再生利用项目中的应用［J］．建设科技，2014（01）：49-51.
[24] 卢洪波，廖清泉，司常钧．建筑垃圾处理与处置［M］．郑州：河南科学技术出版社，2016.
[25] 杜木伟，刘晨敏，刘锡霞．我国建筑垃圾处理设备现状及发展趋势［J］．工程机械文摘，2013（01）：77-80.
[26] 窦荣伟．浅谈破碎筛分联合设备及使用［J］．建筑机械化，2010（08）：78-80.
[27] 郎桐．破碎设备的选型与设计［J］．砖瓦，2010（08）：38-41.
[28] 高强，张建华．破碎理论及破碎机的研究现状与展望机械设计，2009（10）：72-75.
[29] 李颖，许少华．建筑垃圾现状研究［J］．施工技术，2007（S1）：480-483.
[30] 李本仁．破碎筛分联合设备的设计［J］．矿山机械，2007（04）：45-48.
[31] 鲜仕君．碎石破碎筛分设备选型方案的综合评价［J］．建筑机械化，2007（3）：65-69.
[32] 张佳荣．提高破碎筛分设备生产能力的探讨［J］．采矿技术，2005（02）：52-54.
[33] 赵文坤．建筑垃圾加工设备选型及其加工工艺［J］．筑路机械与施工机械化，2018（1）：93-96.
[34] 巴太斌，李银保，张伟超，王利娜．建筑垃圾中轻物质处理探讨［J］．河南建材，2017（2）：45-57.
[35] 闫开放．制砖原料处理工艺与设备选型的建议［J］．砖瓦，2018（11）：111-114.
[36] 汪有坤，苏恩龙．制砖成型设备的创新［J］．砖瓦世界，2014（10）：24-25.
[37] 王英奇．生产大型面砖的新工艺及成型设备［J］．建材工业信息，1984（18）：13-14.
[38] 朱展鹏，刘小云．国产全自动液压压砖机的技术创新分析［J］．陶瓷，2007（08）：36-38.
[39] 张柏清．全自动液压压砖机压制部分液压系统动态仿真［A］．中国硅酸盐学会陶瓷分会．中国硅酸盐学会陶瓷分会 2006 学术年会论文专辑（上）［C］．中国硅酸盐学会陶瓷分会：中国硅酸盐学会，2006：6.
[40] 贺坚，许建清．大型自动液压压砖机的引进消化及其发展方向［J］．中国陶瓷工业，1997（02）：28-30.
[41] 汝莉莉，王德永．一种自动化制砖生产线（免烧结）工艺方案及产品介绍［J］．砖瓦，2017（10）：43-47.
[42] 魏民．混凝土砌块生产线的先进控制技术［J］．建筑机械化，2011，32（S1）：26-27.
[43] 肖奉国．AUPBS1-100×14 型全自动卸砖打包系统原理及应用［J］．砖瓦世界，2016（09）：41-43.
[44] 德国玛莎公司混凝土砌块（砖）全自动生产线成套设备的新动向［J］．建筑砌块与砌块建筑，2012（05）：35-37.
[45] 林霞．用典型无机废渣制备早强再生砖的试验研究［D］．广州：华南理工大学，2016.
[46] 陈家珑．建筑废弃物（建筑垃圾）的资源化利用及再生工艺［J］．混凝土世界，2010（09）：44-49.
[47] 孙岩．再生混凝土微粉/水泥基透水性复合材料的试验研究［D］．昆明理工大学，2011.
[48] 李炜．建筑垃圾中废弃砖渣的利用研究［D］．广东工业大学，2014.
[49] 刘朋，于跃，王桂花，周记国．硅灰和铁尾矿粉复掺对水泥基透水砖强度和透水性的影响研究［J］．砖瓦世界，2018（11）：56-57+22.

[50] 孙鲁军，安强，柳华实，赵训．矿渣微粉对水泥基轻质保温材料性能的影响探究［J］．砖瓦，2019（01）：22-25.

[51] Ya' Arit Bokek-Cohen. The Marriage Habitus of Remarried Israeli War and Terror Widows and the Reproduction of Male Symbolic Capital［J］. Asian Journal of Women's Studies，2014，20（2）.

[52] 庄红峰．浅析工艺控制在制砖过程中的作用及保证措施［J］．砖瓦世界，2017（11）：34-36.

[53] 梁洪波．建筑垃圾制砖生产工艺及其效益分析［J］．墙材革新与建筑节能，2007（06）：23-24.

[54] 赵训，李国忠，曹笃霞．建筑垃圾混凝土砌筑用砖工艺与性能研究［J］．砖瓦，2016（11）：17-19.

[55] 毕明科，司文奎，金利．一种新型绿化砖生产工艺的研究［J］．产业与科技论坛，2018，17（17）：54-55.

[56] 朱祥，薛凯旋，杨国良，杨翔，王斌云，陆小军．再生混凝土制品配合比优化及生产工艺研究［J］．粉煤灰，2014，26（05）：20-22.

[57] 马保国，蹇守卫，郝先成，张武权，邢伟宏．利用建筑垃圾制备新型高利废墙体砖［J］．新型建筑材料，2006（01）：1-3.

[58] 周理安．建筑垃圾再生砖制备技术及其性能研究［D］．北京建筑工程学院，2010.

[59] 康梅柳，周丽萍．废弃混凝土的再生利用［J］．建材技术与应用，2011（06）：9-10+16.

[60] 唐沛，杨平．中国建筑垃圾处理产业化分析［J］．江苏建筑，2007（03）：57-60.

[61] 杜建东．混凝土砌块（砖）行业应考虑涉足湿法成型产品领域——赴欧洲小型混凝土制品湿法成型技术考察报告［J］．建筑砌块与砌块建筑，2016（01）：39-43.

[62] 蒋耀奎，李为华．自然养护水泥粉煤灰砖［J］．电力环境保护，1992（04）：48-50.

[63] 刘春平，汤莉．太阳能在混凝土砖养护工艺中的利用［J］．砖瓦，2015（01）：29-30.

[64] 冯丛林，李赟，户建辉，杨柳．新型联锁生态护面砖在淤泥质岸坡应用中的施工工法研究［J］．中国水运．航道科技，2018（03）：57-63.

[65] 王鹏，张高旗，陈丽刚．再生节能型护坡在城市生态河道治理中的应用［J］．山西建筑，2018，44（01）：179-181.

[66] 冯婷，贾亚军．生态护坡技术在城市河道整治中的应用［J］．中国给水排水，2008，24（20）：58-60.

[67] 黄帅中．生态环保机压护坡砖在水利工程的应用［J］．广东水利水电，2013（S1）：14-16+34.

[68] 董大鹏，李祥彬．海绵城市建设关键材料——再生透水砖［J/OL］．科技创新导报：1-2［2019-03-28］. https：//doi. org/10. 16660/j. cnki. 1674-098X. 2019. 04. 043.

[69] 孙冬帅．透水砖的研究现状［J］．建材与装饰，2017（52）：180.

[70] 钟艳梅，张国涛，杨景琪，李光伟．利用尾矿和陶瓷废料制备烧结型透水砖的技术现状［J］．佛山陶瓷，2019（02）：40-44.

[71] 赵刘阳，陈腾，刘冬雪，王维清．用城市建筑垃圾制备透水混凝土研究［J］．混凝土与水泥制品，2018（06）：93-96.

[72] 周旭，罗成俊，周圣庆，李军，韩丹．建筑垃圾再生骨料制备透水砖的研究［J］．砖瓦世界，2016（10）：51-53+57.

[73] 刘富业．利用建筑垃圾制作生态透水砖研究［D］．广东工业大学，2012.

[74] 李睿喆．浅析海绵城市中透水砖的应用与发展前景［J］．砖瓦，2018（08）：52-54.

[75] 刘贤平．混凝土透水砖在城市铺装中的应用及前景［J］．中华建设，2017（07）：138-139.

[76] 李瑜．一种新型透水砖——气候砖［J］．砖瓦，2018（12）：32.

[77] 曹素改，张志强，贾美霞，李配欣．利用建筑垃圾制备混凝土标准砖［J］．砖瓦世界，2010（07）：30-33.

[78] 张义利，程麟，严生，曲军，程琦．利用建筑垃圾制备免烧免蒸标准砖［J］．新型建筑材料，2006（05）：42-44.

[79] “建筑垃圾制砖”项目通过鉴定［J］．江苏建材，2006（01）：66.

[80] 柳立新．路沿石放样及施工方法探讨［J］．山西建筑，2012，38（18）：151-152.

[81] 卢珊．建筑垃圾再生骨料混凝土路缘石的抗冻性研究［D］．安徽理工大学，2018.